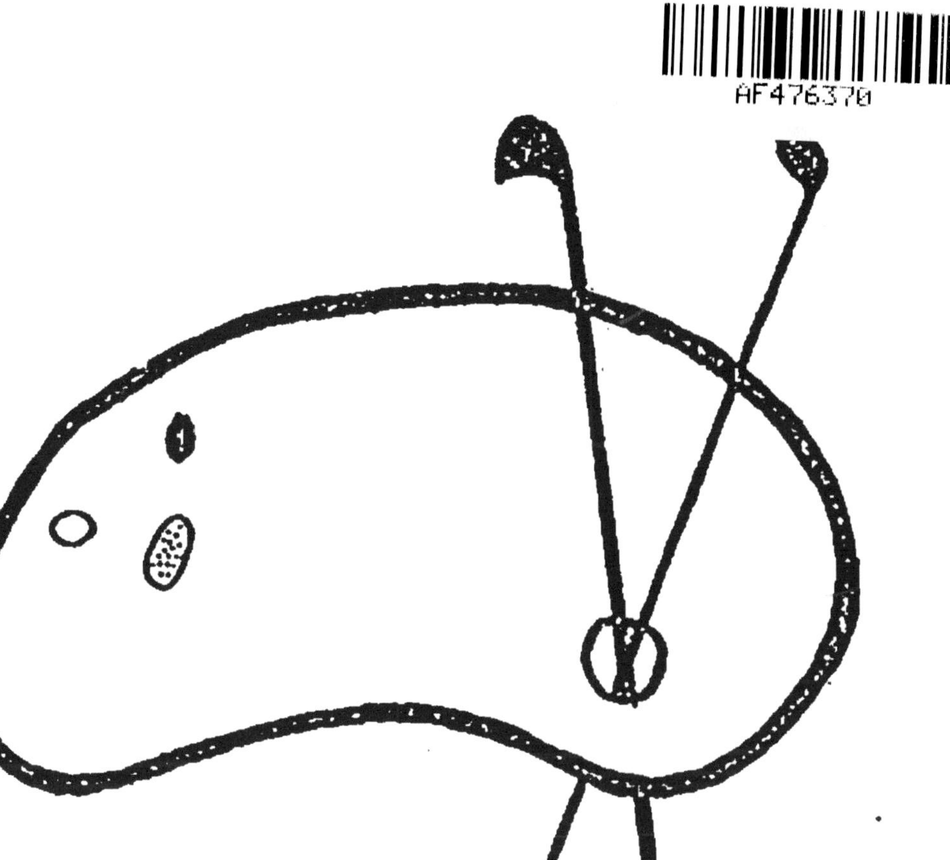

COUVERTURE SUPERIEURE ET INFERIEURE
EN COULEUR

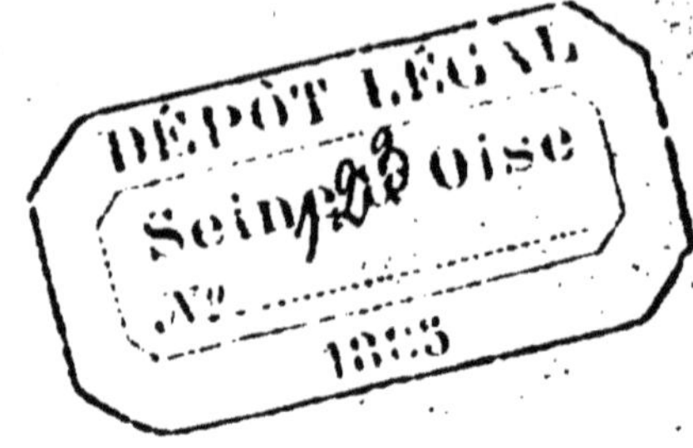
DÉPÔT LÉGAL
Seine-et-Oise
N°
1883

ELÉMENTS USUELS

DES

SCIENCES PHYSIQUES

ET NATURELLES

(COURS MOYEN)

ÉLÉMENTS USUELS
DES

SCIENCES PHYSIQUES
ET NATURELLES

A L'USAGE DES ÉCOLES PRIMAIRES

OUVRAGE
ORNÉ DE 163 FIGURES INSÉRÉES DANS LE TEXTE
RÉDIGÉ
Conformément aux programmes officiels de 1882

PAR

M. E. GRIPON
PROFESSEUR A LA FACULTÉ DES SCIENCES DE RENNES

COURS MOYEN

PARIS
LIBRAIRIE CLASSIQUE EUGÈNE BELIN
V^{VE} EUGÈNE BELIN ET FILS
RUE DE VAUGIRARD, N° 52

1885

Tout exemplaire de cet ouvrage non revêtu de ma griffe sera réputé contrefait.

Eug. Belin

SAINT-CLOUD. — IMPRIMERIE Ve EUG. BELIN ET FILS.

AVANT-PROPOS

La connaissance des animaux et des plantes fait l'objet de deux sciences fort étendues : la *Zoologie* et la *Botanique*.

Nous en donnons les *éléments*, appropriés, autant que possible, aux usages de la vie. Ils doivent, d'après les programmes officiels, être enseignés dans le *cours moyen* et complétés dans le *cours supérieur;* c'est au maître à faire le partage.

Nous avons voulu attirer l'attention des enfants sur les animaux et les plantes qu'ils voient tous les jours, sans trop les regarder. Il fallait leur indiquer les *caractères extérieurs* par lesquels ils se distinguent les uns des autres et qui permettent de les ranger en un certain nombre de groupes faciles à reconnaître.

Nous avons emprunté à la science les noms de ces groupes; on ne peut faire autrement; en dehors de cela, nous avons évité, autant que possible, l'emploi de termes scientifiques, qui n'eussent pas été compris de nos jeunes lecteurs.

C'est, en effet, un livre de lecture que nous publions. L'apprendre par cœur serait un exercice de mémoire, pénible à coup sûr, et qui ne donnerait aucun bon résultat. L'enfant apprendrait, sans trop y réfléchir des mots et des phrases, qu'il oublierait bientôt. Il vaut mieux qu'il porte son attention sur les faits eux-mêmes et sur les idées générales qui en découlent.

Il faut qu'il sache écouter la leçon du maître; et alors, il pourra lire et relire le chapitre correspondant de ce livre. Il s'exercera à répondre aux questions que nous avons placées au bas des pages.

Lorsque plusieurs questions se rapportent au même sujet, la première seule porte le numéro du paragraphe dans lequel un élève attentif trouvera la réponse.

Nous avons donné un résumé de chaque chapitre. Il pourrait être appris par cœur, si le maître le jugeait utile.

Enfin, on trouvera un certain nombre de questions qui peuvent être traitées par écrit et faire, chacune, la matière d'un ou deux devoirs.

La leçon du maître, disons-nous, doit précéder la lecture de ce livre. Rien ne remplace l'enseignement oral; car un maître consciencieux est seul à même de l'approprier aux intelligences encore bien neuves de ses élèves, il peut seul étendre ses explications et varier son langage, jusqu'à ce qu'il se sente compris.

Qu'il se rappelle surtout que c'est en voyant que l'on apprend le mieux.

Il peut s'aider de dessins pour donner à ses élèves une idée des animaux ou des plantes étrangers à la France, d'un rhinocéros, d'un palmier, par exemple; mais la plus belle image ne vaut pas la réalité. Il doit donc saisir toutes les occasions de montrer à ses élèves les animaux et les plantes du pays qu'il habite.

Pour les plantes, c'est facile; et c'est en mettant des plantes dans les mains des enfants qu'on leur donnera des notions de botanique vraiment utiles. Pourquoi ne pas faire une petite collection des insectes, des coquillages de la contrée?

Un petit animal, un lézard, se conserve à peu de frais,

dans un flacon de verre, rempli d'une dissolution de zinc dans l'eau, et maintenu bouché.

Placez le corps d'un rat près d'une fourmilière, ces petits animaux se chargeront de le dépecer et ne laisseront que le squelette qui prendra place dans la collection de l'école.

Peu à peu celle-ci grandira et elle sera d'un grand secours pour le maître, et d'un grand intérêt pour les élèves.

Il ne faut rien négliger, car l'enseignement élémentaire d'une science, lorsqu'il s'adresse à de jeunes enfants est, sans contredit, une des tâches les plus difficiles imposées à un professeur ; une de celles qui lui font le plus grand honneur, quand il réussit à la remplir.

PROGRAMME

Éléments usuels des sciences physiques et naturelles

Notions très élémentaires de sciences naturelles.

L'HOMME

Description sommaire du corps humain et idées des principales fonctions de la vie.

LES ANIMAUX

Notions des grands embranchements et de la division des vertébrés en classes, à l'aide d'un animal pris comme type dans chaque groupe.

LES VÉGÉTAUX

Étude, sur quelques types choisis, des principaux organes de la plante. — Notion des grandes divisions du règne végétal. — Indication des plantes utiles et nuisibles (surtout dans les promenades scolaires.)

Les trois états des corps. Notions sur l'air, l'eau et la combustion ; petites démonstrations expérimentales.

ÉLÉMENTS USUELS

DES

SCIENCES PHYSIQUES

ET NATURELLES

(COURS MOYEN)

NOTIONS GÉNÉRALES D'HISTOIRE NATURELLE

I. — L'HOMME

1. Tous les êtres que l'on trouve sur la terre peuvent être rangés en trois groupes que l'on appelle quelquefois *règnes* :

Le *règne animal*, le *règne végétal*, le *règne minéral*.

Les animaux et les végétaux sont des êtres vivants.

Les minéraux, c'est-à-dire les pierres, l'eau, l'air, sont des corps qui existent, mais qui ne vivent pas.

2. Êtres vivants. — Une poule pond un œuf, le couve, et il en sort un petit poulet; vous avez eu des œufs de ver à soie, ils éclosent au printemps, il en sort un petit ver. Vous donnez des graines au poulet ; des feuilles de murier au ver. Ils se nourrissent, c'est à cette condition qu'ils peuvent vivre; en même temps, ils grandissent et augmentent de poids. Le poulet atteint une taille qu'il ne dépassera pas. Au bout d'un certain temps il dépérit et, enfin, il meurt. Il a vécu et la mort est la conséquence de la vie.

Un pied de haricot produit des graines; vous en prenez une et vous l'enfouissez dans la terre d'un jardin. Cette terre est humide, on l'a convenablement fumée; elle est fertile, c'est-à-dire qu'elle peut nourrir les plantes. Le haricot germe, sort en partie de terre; il grandit et sa tige se couvre de feuilles, de fleurs, de fruits. La plante nourrie par le fumier et, comme nous le verrons plus tard, par l'air, est bien vivante. L'automne arrive, elle se flétrit et meurt.

Ce qui caractérise un être vivant, c'est de naître d'un autre être vivant, de s'approprier certaines substances qui sont pour lui de véritables aliments; et alors, de grandir, d'augmenter de poids. Enfin, au bout d'un certain temps, la vie s'affaiblit et cesse, l'être vivant est mort.

3. Minéraux. — Une pierre ne naît pas, on la trouve toute faite dans une carrière, on la détache d'un rocher; le tailleur de pierre lui donne une forme qu'elle conserve pendant des siècles, sans s'accroître, sans diminuer. Elle existe, et nous ne prévoyons pas de limite à son existence.

Du reste, indifférente à tout, nous ne la voyons pas se déplacer d'elle-même. Elle roule, si on la pousse du pied, elle s'arrête au premier obstacle qu'elle rencontre; elle existe, elle ne vit pas. Nous en dirions autant de l'eau, de l'air, etc.

4. Végétaux. — La plante vit, mais elle ressemble par certains points à la pierre. Fixée au sol par ses racines, elle ne peut quitter la place qu'elle occupe; si ses branches ou ses feuilles s'agitent, c'est que le vent le fait mouvoir; mais d'elles-mêmes elles ne peuvent se déplacer. Vous taillez un poirier, vous cueillez une rose, sans que la plante en souffre ou en ressente rien; elle est aussi insensible qu'une pierre que l'on brise.

Le végétal est un être vivant qui ne peut ni se mouvoir ni sentir.

QUESTIONNAIRE

Qu'est-ce qu'un être vivant (2)?
Qu'est-ce qu'un minéral (3)?
Pourquoi dit-on qu'un minéral ne vit pas?
A quel règne appartient le fer?
Dans quel règne mettez-vous le chêne et pourquoi (4)?
Montrez qu'un chien a tous les caractères d'un animal (5)?

5. Animaux. — L'animal vit ; mais, de plus que la plante, il se meut à sa volonté, il ressent la douleur.

Un ver de terre rampe dans une allée de votre jardin ; ce mouvement seul suffirait pour vous avertir que vous avez devant vous un animal. Placez sur sa route une large pierre qui l'arrête, il reconnaît sa présence au contact, et tourne à droite ou à gauche pour l'éviter ; piquez-le avec une épingle, il recule, il a senti la douleur de la piqûre ; coupez-le en deux, les tronçons se tordent convulsivement. Nous-mêmes, si nous marchons dans une cave obscure, en étendant les bras, nous reconnaissons au toucher la présence d'un mur qui nous arrête, la piqûre d'une épingle nous fait retirer le bras, la douleur nous fait agiter convulsivement les membres.

Nous reconnaissons dans le ver une des qualités que nous avons, et nous appelons cette qualité la *sensibilité*.

Dans l'animal, les mouvements naissent d'une cause qui est en lui : c'est ce que nous appellerons les mouvements volontaires. De plus, *les animaux ont la faculté de sentir*. Beaucoup voient, entendent ; tous ressentent au contact des corps quelque chose qui les avertit de leur existence.

6. Description sommaire du corps de l'homme. — Le corps de l'homme est formé de parties appelées *organes*, qui ont chacune un travail particulier à accomplir pour entretenir la vie.

La forme générale du corps est déterminée par une charpente osseuse appelée *squelette*.

7. Squelette. — Les os, qui sont flexibles dans le corps de l'enfant, s'encroûtent, avec l'âge, de matières pierreuses qui les rendent durs et résistants.

QUESTIONNAIRE

Qu'est-ce que le squelette (7) ?
Comment partage-t-on les os de la tête (8) ?
Qu'est-ce que le crâne ; à quoi sert-il ?
A quoi servent les os de la tête pris en dehors du crâne ?
Quel est l'os de la tête que l'on peut mettre en mouvement ?
De quelle utilité est ce mouvement ?

8. La tête.— Une partie des os de la tête forme le *crâne;* c'est une boîte arrondie et creuse, dure, difficile à briser (*fig.* 1). Elle renferme le *cerveau*, un des organes les plus importants de notre corps, et elle le protège contre les chocs qui pourraient le blesser.

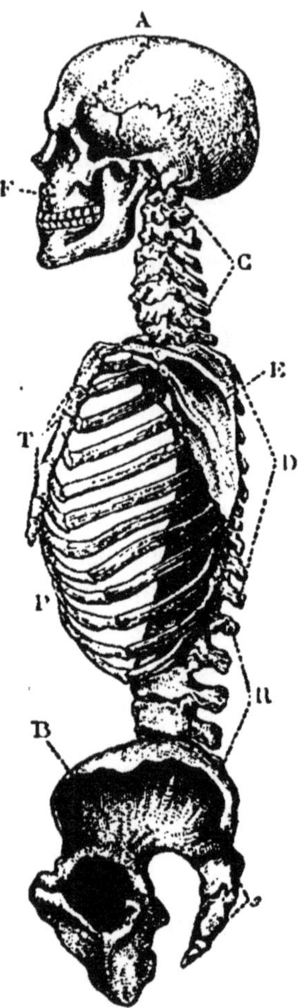

Fig. 1. — Os de la tête et du tronc. — *Tête :* A, os du crâne; F, os de la face. *Tronc :* C, R, S, colonne vertébrale ou *épine dorsale ;* C, vertèbres du cou : D, vertébres du dos ; R, vertèbres des reins ; S, vertebres de la queue ; P, poitrine formée de douze paires de côtes ; T, os plat de la poitrine : E, os de l'épaule ; B, os des hanches.

Les os de la *face* s'attachent ou, comme on dit, *s'articulent* sur les os du crâne ; ce sont eux qui forment la saillie des joues et celle plus prononcée du nez.

On compte parmi eux les deux os des mâchoires dans lesquels s'implantent les dents.

La mâchoire inférieure est le seul os de la tête qui puisse se mouvoir ; sa forme est celle d'un fer à cheval dont les extrémités seraient recourbées vers le haut. Nous pouvons, à volonté, l'abaisser ou le relever ; et, par là, ouvrir, fermer la bouche, parler, mâcher les aliments. Notons encore les deux cavités formées par les os de la tête au-dessous du front, et qui donnent à une tête de mort son aspect étrange. Pendant la vie, ces cavités sont remplies par les yeux.

9. Os du tronc. — La tête est portée par la colonne vertébrale, composée d'un grand nombre de petits os, très peu mobiles les uns sur les autres, appelés *vertèbres*. Leur forme est telle, que tout le long de la colonne vertébrale se trouve une cavité en forme de canal, dans laquelle est logée la *moelle épinière*. On peut la regarder comme le prolongement du cerveau et elle doit être, comme celui-ci, protégée avec soin.

Les vertèbres sont les seuls os du cou. Les vertèbres du dos, qui suivent, portent chacune une paire de *côtes :* ce sont des os courbes qui partent du dos, et viennent se réunir en avant à un os plat. L'ensemble de tous ces os forme une sorte de cage appelée *poitrine*, dans laquelle se trouvent le *cœur* et les *poumons* (*fig*. 2).

Les côtes sont mobiles, elles se soulèvent et s'abaissent; mouvements qui sont nécessaires pour que nous puissions respirer.

Au-dessous des côtes, à la hauteur des *reins*, on retrouve la colonne vertébrale seule; puis, elle s'élargit et s'attache à deux os plats et larges, les os des *hanches;* ils forment une sorte de ceinture appelée *bassin*, destinée à soutenir le ventre et à le protéger.

L'*épaule* est formée de deux os : l'un d'eux, la *clavicule*, situé en avant, s'appuie sur l'os plat de la poitrine; l'autre, l'*omoplate,* repose en arrière sur les côtes.

10. Os des membres.— Le *membre antérieur* est formé du *bras,* de l'*avant-bras,* de la *main* (*fig*. 2).

Le bras n'a qu'un os, l'avant-bras en a deux ; la main, un plus grand nombre formant le *poignet*, la *paume de la main*, et les *doigts.*

Ces os sont *articulés*, c'est-à-dire solidement attachés les uns sur les autres, de façon cependant à être très mobiles.

C'est ainsi que l'os du bras tourne sur l'épaule ; l'os du coude se replie sur l'os du bras ; la main tourne sur l'os du

QUESTIONNAIRE

Nommez les parties osseuses du tronc (9).
Quels sont les os qui forment la colonne vertébrale?
Quels sont les os de la poitrine?
Nommez les os de l'épaule.
A quoi servent les os des hanches?
Quel est l'organe important protégé par les vertèbres?
Quels sont les organes protégés par les côtes?
A quoi servent les mouvements des côtes?

coude et plie sur l'avant-bras, les *phalanges* des doigts fléchissent les unes sur les autres.

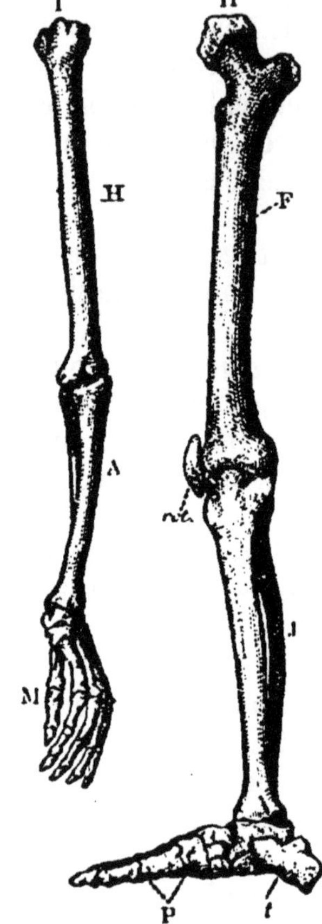

Fig. 2. — I. Membre antérieur de l'homme : H. os du bras ; A, os de l'avant-bras ; M, main.
II. Membre postérieur : F, os de la cuisse ; *rot.*. rotule ; J, os de la jambe ; P, pied ; *t*, talon.

Ce qu'il faut remarquer dans la structure de la main, c'est la possibilité que nous avons d'opposer le pouce aux quatre autres doigts ; c'est aussi le grand nombre d'os mobiles, qui donnent à la main une grande flexibilité et lui permettent de saisir les objets, de les palper dans tous les sens, et de reconnaître ainsi leur forme.

11. Membres postérieurs. — Les membres *postérieurs* ont la même disposition générale que les précédents.

La *cuisse* est formée d'un os long dont la tête arrondie se loge dans une cavité des os des hanches.

La *jambe* est formée de deux os ; l'un d'eux, l'os du devant s'articule sur l'os de la cuisse et forme le *genou*. Entre eux, se loge un os rond et plat, particulier, l'*os* du genou ou *rotule*.

Le *pied* s'articule sur les os de la jambe, et il est formé, comme la main, d'os nombreux, qui forment le *talon* et le *cou-de-pied*, le *pied* et les *doigts*.

Ceux-ci sont petits et le pouce ne leur est plus opposable ;

QUESTIONNAIRE

Nommez les différentes parties du membre antérieur (10).
Qu'est-ce qu'une main ; en quoi diffère-t-elle du pied (11) ?
Nommez les différentes parties du membre inférieur.
Quelles sont les différentes parties du pied ?

aussi, ne peut-on pas saisir les objets avec le pied comme on le fait avec la main.

RÉSUMÉ

Les êtres que l'on trouve dans l'intérieur de la terre ou à sa surface sont vivants ou privés de vie.

L'être vivant provient d'un autre être vivant. Petit à sa naissance, il se développe et grandit pendant un certain temps, s'il trouve des aliments qui lui conviennent. Mais la vie ne lui a été donnée que pour un temps, et il arrive toujours un moment où il meurt.

Les végétaux et les animaux sont des êtres vivants.

Les *animaux* sont seuls capables de mettre en mouvement, quand ils le veulent, leurs corps ou quelques-uns des organes qui le composent.

La cause de ces mouvements est en eux et non au dehors.

Les animaux sont seuls doués d'une sensibilité qui leur révèle l'existence des corps qui les entourent; en outre, ils sont sensibles à la douleur.

Les *végétaux* sont des êtres vivants dépourvus de sensibilité et incapables de se mouvoir d'eux-mêmes.

Les *minéraux* sont des êtres qui ne vivent pas. Ils ne naissent ni ne meurent; on ne les voit pas grandir comme la plante, ni se mouvoir comme l'animal.

L'homme. — Le *squelette* est la charpente du corps de l'homme.

Il est formé d'os. Les uns comme ceux du crâne, de la poitrine, du bassin sont destinés à protéger les parties les plus délicates du corps.

Les autres ont entre eux des articulations mobiles et exécutent certains mouvements. Tels sont les os des membres, la mâchoire inférieure, les côtes.

On distingue dans le squelette : 1° la *tête,* formée des os du crâne et de la face; 2° le *tronc* composé de la colonne vertébrale, des os de l'épaule et des os des hanches; 3° les *membres* qui sont au nombre de quatre.

Le *membre antérieur* est constitué par le bras, l'avant-bras et la main. La longueur et la mobilité de tous ces os nous permettent d'atteindre les objets. La conformation de la main, dont le pouce est opposable aux autres doigts, nous permet de les saisir.

Le *membre postérieur* est formé de la cuisse, de la jambe et du pied. Il est destiné à soutenir le corps et, pour cela, il est relié à la colonne vertébrale par les os des hanches. Il sert en outre à la marche.

II. — PRINCIPAUX ORGANES DE L'HOMME

12. Muscles et peau. — Les os sont recouverts de *chair* et celle-ci est enveloppée par la *peau*.

La chair de l'homme est rouge, comme celle des animaux de boucherie; elle est formée de filaments, qu'on appelle des *fibres*, et qui sont rangés en un certain nombre de faisceaux distincts. Chaque faisceau est un *muscle*, il se trouve attaché par ses deux extrémités à deux os contigus : par exemple, d'un côté à l'os du bras; de l'autre, à l'os du coude. Nous pouvons, quand nous le voulons, déterminer dans les fibres du muscle un *raccourcissement* qui fait tourner l'os du coude sur l'os du bras. *Les muscles servent donc à faire mouvoir les os.*

La peau de l'homme est analogue au cuir des animaux, elle sert à protéger la chair; en outre, elle reçoit un grand nombre de *nerfs* qui la rendent sensible au froid, à la chaleur, au contact des corps extérieurs.

13. Nerfs.— Ces nerfs aboutissent à la moelle épinière et au cerveau. Il en est de même des nerfs de l'œil qui nous font voir, de ceux de l'oreille qui nous font entendre. C'est par eux que nous prenons connaissance des objets qui nous entourent. Ces sont les nerfs de la *sensibilité*.

Il est d'autres nerfs qui partent du cerveau et de la moelle épinière, et se distribuent dans tous les muscles; c'est sur eux que nous agissons pour faire mouvoir nos membres. Ce sont les nerfs *moteurs*.

QUESTIONNAIRE

Qu'est-ce que la chair? — De quels éléments est-elle formée?
Qu'est-ce qu'un muscle? — A quoi sert-il? — De quelles propriétés jouissent les fibres musculaires?
A quoi sert la peau (12)?
Quel est le rôle des nerfs (13)?

Ces quelques mots suffisent pour faire comprendre l'importance du *cerveau;* c'est l'organe spécialement affecté au service de notre âme, c'est par lui qu'elle connaît, par lui qu'elle ordonne. De là, les précautions que la nature a prises pour le protéger.

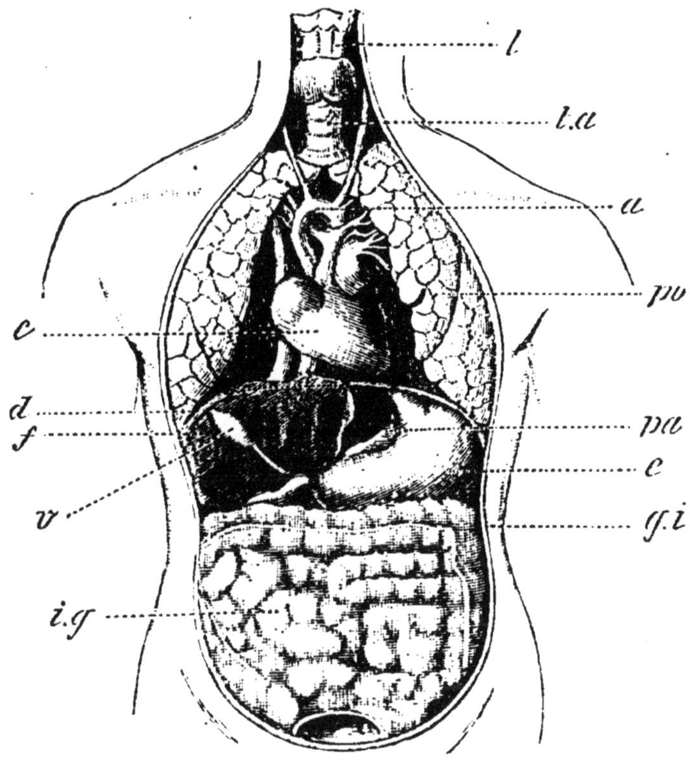

Fig. 3. — Organes intérieurs.

Poitrine : *po,* poumons écartés pour laisser voir le cœur; *t a,* tuyau qui les fait communiquer avec l'arrière-bouche et par suite avec l'air extérieur: *c,* cœur surmonté des gros tubes ou *vaisseaux* qui conduisent le sang dans le cœur et dans les poumons; *d,* diaphragme, cloison séparant la poitrine du ventre.
Ventre : *e,* estomac; *f,* foie soulevé pour laisser voir la *vésicule du fiel* (*v*), pleine de bile; *gi,* intestin grêle; *ig,* gros intestin.

14. La poitrine. — La poitrine (*fig.* 3), formée par les côtes, et séparée du ventre par une cloison appelée *diaphragme,* renferme le *cœur* et les *poumons*. Les muscles des côtes et la peau qui les recouvre font de la poitrine une cavité parfaitement close.

Le *cœur* est un muscle creux qui se remplit de sang et qui se vide alternativement. C'est une sorte de pompe qui est toujours en mouvement; car pour que nous puissions vivre, il faut que le *sang* circule toujours dans notre corps. Lorsque le battement du cœur cesse, la vie s'éteint.

Les *poumons* servent à la *respiration*. L'homme ne peut vivre qu'en introduisant de l'air dans ses poumons, et ensuite, en le rejetant au dehors. Il meurt si l'air lui manque; c'est le cas des gens qu'on a étranglés, ou qui se sont noyés.

Ce sont les mouvements des côtes et du diaphragme qui font entrer l'air dans la poitrine et qui l'en font sortir.

15. La bouche. — La bouche est une cavité formée par les joues, les os des machoires et les lèvres.

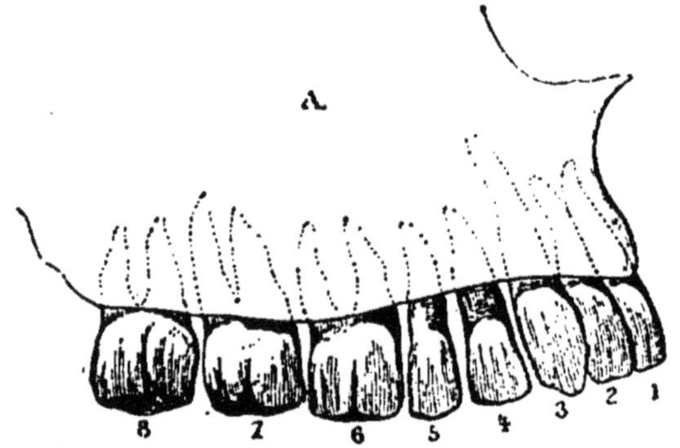

Fig. 4. — Dents de la mâchoire supérieure. — 1, 2, dents incisives; 3, canine; 4, 5, petites molaires n'ayant qu'une racine; 6, 7, 8, grosses molaires à deux, trois racines. On ne voit qu'une moitié de la mâchoire.

On y trouve la *langue* qui nous sert à goûter nos aliments et à les mâcher. Elle nous permet en outre d'articuler les mots.

Les *dents* sont des os très durs, implantés dans les deux

QUESTIONNAIRE

Qu'est-ce qui limite la cavité de la poitrine (14)?
A quoi sert le cœur?
A quoi servent les poumons?
Pourquoi l'homme ne peut-il pas rester longtemps sous l'eau?
A quoi servent les côtes?

mâchoires, au nombre de seize pour chacune d'elles (*fig.* 4).

On trouve à chaque mâchoire :

1° *Quatre* dents *incisives* plates, amincies, situées sur le devant. Elles servent à couper les aliments;

2° *Deux canines*, dents pointues qui n'ont pas d'importance chez l'homme;

3° *Dix molaires,* dont la surface supérieure est large, irrégulière. Elles servent à broyer le pain, la chair, les fruits que nous mangeons.

Après la bouche on trouve l'*arrière-bouche;* elle se prolonge par un canal qui traverse la poitrine et arrive à l'*estomac.*

16. Le ventre. — La cavité du ventre, limitée en haut par le diaphragme, en bas par les os des hanches, et sur les côtés par la peau du ventre, renferme les organes de la digestion (*fig.* 3).

A droite, on trouve le *foie* dans lequel se forme la *bile;* à gauche l'*estomac.* C'est un sac qui reçoit de la bouche les aliments mâchés. Ils y séjournent un certain temps, et y subissent une transformation profonde. On dit qu'ils sont digérés ; la digestion s'achève cependant dans l'*intestin grêle.* C'est un *boyau* étroit, très long, contourné qui achève de remplir la partie inférieure de la cavité du ventre. Il se termine par un boyau court, assez large, boursouflé, placé comme une ceinture au-dessous du foie et de l'estomac. On lui donne le nom de *gros intestin.* Celui-ci s'ouvre au dehors pour rejeter les matières qui n'ont pas été digérées.

QUESTIONNAIRE

Quelles sont les limites de la bouche (15)?
Indiquer les usages de la langue.
Combien y a-t-il d'espèces de dents?
Quel est le nombre de dents d'un homme adulte?
Usage des incisives; des molaires.
Quels sont les organes qui limitent le ventre (16)?
Indiquer la place du foie; de l'estomac; de l'intestin.
Quelles sont les deux parties de l'intestin?
Où se fait la digestion des aliments?

17. Races humaines. — L'homme se distingue des autres animaux par ses facultés intellectuelles, plus encore que par la conformité de son corps.

Il pense, il réfléchit à ce qu'il doit faire, il sent qu'il est libre de se décider à parler ou à se taire, à courir ou à s'arrêter, à faire le bien et malheureusement aussi, à faire le mal. C'est pourquoi il est responsable de ses actions et de ses paroles ; honoré, quand il fait bien, méprisé, s'il fait mal.

La parole lui permet de communiquer ses idées à ses semblables.

Seul, il comprend et admire la puissance et la sagesse qui ont présidé à l'arrangement de l'univers. Il est le seul dont la pensée puisse s'élever jusqu'à Dieu.

Tous les hommes ne se ressemblent pas. On trouve dans leurs traits des différences frappantes, même entre les individus d'une même famille ; elles sont plus grandes, si on compare les peuples du midi de l'Europe à ceux du nord, ou bien un Arabe et un Français.

La différence serait plus profonde encore entre un Européen, un Chinois et un Hottentot.

Fig. 5. — Race blanche.

On a partagé le genre humain en races distinctes dont les principales sont :

1° La *race blanche* ou *caucasique* (*fig.* 5), à laquelle nous appartenons, se reconnaît à la teinte plus ou moins claire de sa peau. Le visage est ovale ; le front développé ; les yeux sont dirigés horizontalement, dans le sens de leur longueur. La saillie des pommettes des joues est relativement faible.

Presque tous les Européens, les Arabes, les Indiens sont de race blanche.

2° La *race jaune* ou *mongole* (*fig.* 6) a la peau jaune ; la face aplatie, le front bas et oblique ; les paupières fendues obliquement, les pommettes saillantes.

Presque tous les Asiatiques, par exemple les Chinois, les habitants de la Laponie et de la Finlande, les Esquimaux, sont les représentants de cette race.

Fig. 6. — Tête de Japonais (race jaune).

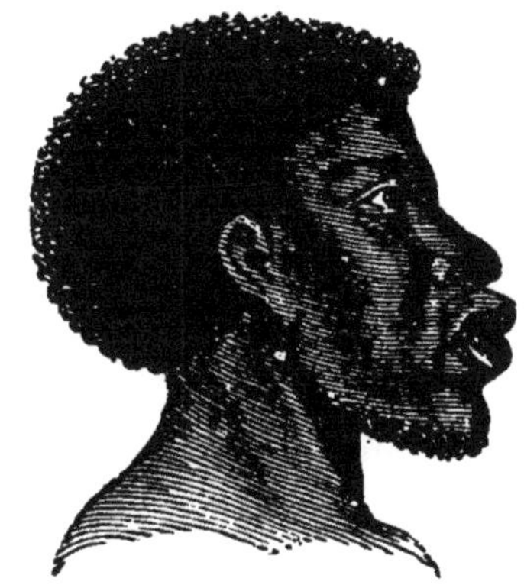

Fig. 7. — Tête de nègre (race noire).

3° La *race noire* (*fig*. 7) a la peau noire ou brune, les cheveux crépus, le crâne long et étroit, le front fuyant. La mâchoire supérieure est saillante et les lèvres épaisses.

Les nègres d'Afrique, les habitants primitifs de l'Australie et de l'archipel indien appartiennent à cette race.

Les Indiens d'Amérique sont les restes d'une quatrième race à *peau rouge* qui tend à disparaître.

QUESTIONNAIRE

Par quoi l'homme est-il supérieur aux animaux (17) ?
Nommez les races humaines.
Donnez les caractères de la race blanche ; où la trouve-t-on ?
Quels sont les peuples qui appartiennent à la race jaune ?
Quels sont les caractères de cette race ?
Où trouve-t-on la race noire et à quoi la reconnait-on ?

RÉSUMÉ

Le *cerveau*, la *moelle épinière* et les *nerfs* qui s'en détachent sont d'une grande importance dans le corps de l'homme.

Notre volonté ne peut agir sur les muscles que par l'intermédiaire du cerveau et des nerfs. Les muscles sont attachés aux os et les mettent en mouvement, quand nous le voulons.

Ce sont ces muscles qui forment la chair. Ils sont protégés par la peau, qui enveloppe tout le corps. Les nerfs qui se distribuent dans l'œil nous font voir; ceux qui se rendent aux oreilles nous font entendre; ceux qui aboutissent à la peau nous révèlent l'existence du corps que nous touchons, pourvu qu'ils soient toujours en communication avec le cerveau.

On trouve dans la poitrine deux organes très importants : le *cœur* qui fait circuler le sang dans tout le corps, et les *poumons* qui servent à la respiration.

L'homme cesse de vivre si la circulation ou la respiration s'arrêtent.

Les aliments qui forment notre nourriture sont destinés à renouveler le sang. Pour cela, ils doivent subir une transformation spéciale, qu'on appelle la *digestion*.

Ces aliments sont coupés et broyés dans la bouche par les trente-deux dents qui garnissent la mâchoire. On compte huit *incisives*, quatre *canines* et vingt *molaires*. Les premières servent à couper, les dernières à broyer.

Les organes de la digestion sont renfermés dans la cavité du ventre qui s'étend de la poitrine jusqu'au bassin formé par les os des hanches. Les principaux sont : l'*estomac* où séjournent les aliments que l'on a mâchés, le petit *intestin* qui suit l'estomac, le gros *intestin* qui vient après, le *foie* où se forme la bile.

La digestion se fait en partie dans l'estomac, en partie dans l'intestin. Les matières qui ne peuvent être digérées passent dans le gros intestin et sont rejetées au dehors.

L'homme doit à son intelligence la supériorité incontestable qu'il a sur les animaux.

On distingue les races humaines d'après la couleur de la peau et certains détails de conformation : la race à peau *blanche* qui habite l'Europe; la race à peau *jaune* qui peuple en grande partie l'Asie; la race à peau *noire* que l'on trouve en Afrique; la race à peau *rouge* en Amérique.

III. — CLASSIFICATION DU RÈGNE ANIMAL

18. — Le nombre des animaux est si grand, que l'on est forcé, pour les reconnaître, de les ranger en groupes distincts. Il a fallu réunir en un même groupe tous ceux qui ont entre eux plus de points de ressemblance qu'on n'en trouverait entre deux animaux choisis dans des groupes différents.

Par exemple, la *perdrix*, le *papillon*, le *moineau* et le *hanneton* ont un caractère commun; ils ont des ailes et volent dans l'air. Il ne faut qu'un coup d'œil pour reconnaître que la perdrix et le moineau se ressemblent. On trouve dans l'un et l'autre, deux pattes, un bec, des plumes, la forme générale du corps est la même; ce sont des oiseaux. Le hanneton, le papillon ne leur ressemblent pas; mais chacun d'eux a six pattes, deux paires d'ailes, un corps coupé en trois tronçons distincts. Nous ne mettrons pas ces deux animaux dans le groupe des *oiseaux*, mais dans celui des *insectes*.

On trouverait difficilement un soldat dans une armée, si on ne connaissait que son nom; on y parvient sûrement, si on sait à quel *corps d'armée* il appartient, si c'est un cavalier ou un artilleur, quel est son *régiment*, son *bataillon*, sa *compagnie*.

De même, pour établir de l'ordre dans l'immense armée des animaux, on a formé de grandes divisions, des corps d'armée appelés *embranchements*. On a partagé chaque embranchement en divisions moins étendues, qu'on a appelées des *classes*.

Tous les animaux d'une classe sont distribués en groupes plus petits appelés des *ordres*; et, en poursuivant ainsi les subdivisions, on arrive à un groupe qui ne renferme plus que les animaux de même *espèce*. Qui a vu un chat le reconnaîtra

QUESTIONNAIRE

Quelle est l'utilité de la classification des animaux (18)?
Quel nom donne-t-on aux plus grandes divisions du règne animal?
Comment divise-t-on les embranchements?
Quels sont les groupes d'animaux qui forment une classe?

dans tous les individus de son espèce, qu'ils soient grands ou petits, blancs ou tigrés, à poils longs ou courts.

Personne ne confondra un chat avec un lion. Ils ont assez de ressemblance pour qu'on les range dans le même *ordre*, mais non dans la même espèce.

Les animaux sont de la même espèce que leurs parents.

DIVISION DES ANIMAUX EN EMBRANCHEMENTS

Il y a des animaux qui ont, comme l'homme, un squelette formé par des os; d'autres, comme la limace, n'en ont pas. Ils forment deux groupes bien distincts et, nous le verrons, faciles à reconnaître.

19. Animaux à squelette osseux.—Nous trouvons parmi les animaux qui ont des os le *cheval*, l'*oiseau*, la *couleuvre*, l'*anguille;* les deux premiers ont des membres, les

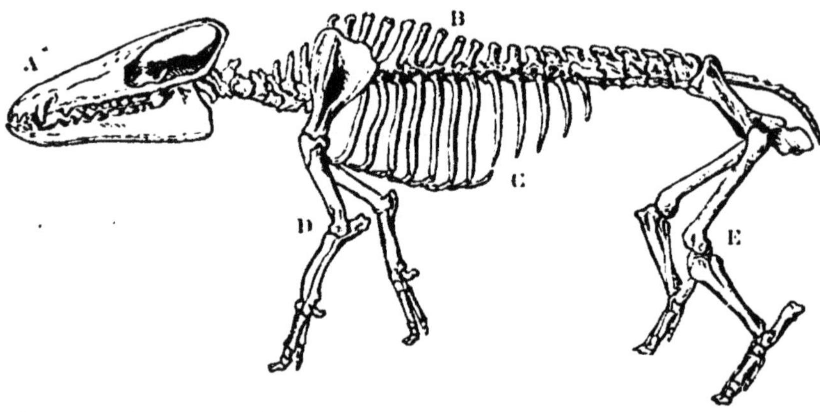

Fig. 8.— Squelette d'un vertébré (*mammifère*).— A, tête; B, colonne vertébrale; C, côtes; D, membres antérieurs; E, membres postérieurs. L'animal n'appuie sur le sol que par l'extrémité des doigts.

deux autres en sont dépourvus. Mais, tous ont une tête osseuse renfermant un cerveau; tous ont une colonne vertébrale qui protège la moelle épinière.

Nous formerons un premier groupe de tous les animaux ayant une charpente osseuse recouverte par la chair et dont la pièce principale est composée de petits os analogues aux vertèbres de l'homme, rangés en une file qui aboutit à une tête également osseuse (*fig.* 8). Ainsi se trouve constitué l'embranchement des *vertébrés*.

Fig. 9. — Sangsue (*animal articulé*). — Le corps est formé d'anneaux.

20. Animaux dépourvus d'os. — Ce second groupe est tellement étendu qu'on l'a divisé en trois embranchements.

Nous trouvons d'abord des animaux dont le corps est divisé en anneaux, comme le *ver de terre*, la *sangsue* (*fig.* 9), la *chenille*. On retrouve ces mêmes divisions dans le *hanneton*, l'*écrevisse*. Dans ces deux derniers, la peau est dure et protège les organes intérieurs, les pattes sont formées de parties articulées les unes sur les autres. On appelle ces parties des *articles*. De tous les animaux à anneaux et à articles on a fait l'embranchement des *articulés*.

21. L'*escargot*, la *limace* (*fig.* 10), l'*huître* sont des animaux sans os. Ils n'ont pas de squelette articulé extérieur ou intérieur, leur corps n'est pas divisé par anneaux; leur peau est molle. Parfois l'animal est protégé par une coquille dure et pierreuse. On la trouve dans l'escargot, elle manque dans la limace.

Le troisième embranchement est celui des *mollusques*.

QUESTIONNAIRE

Quel est le nombre des embranchements (19-20)?
Quels noms portent-ils?
Dans quels embranchements rangez-vous la carpe; le homard; la moule; le ver de terre?
Quel est le caractère distinctif d'un animal vertébré (19); d'un articulé (20); d'un mollusque (21); d'un rayonné (22)?

22. Le quatrième embranchement, celui des *rayonnés*, se définit moins nettement que les précédents. Il renferme des

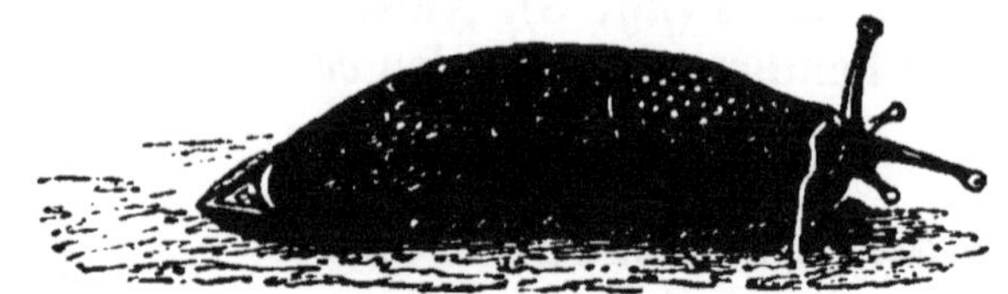

Fig. 10. — Limace (*mollusque*). Animal à peau molle.

animaux imparfaits chez lesquels les facultés de sentir et de se mouvoir s'amoindrissent, et qui perdent peu à peu les caractères qui les distinguent des plantes.

On a pris longtemps pour un végétal le *corail* qui est une agglomération d'animaux rayonnés (*Voir fig.* 89).

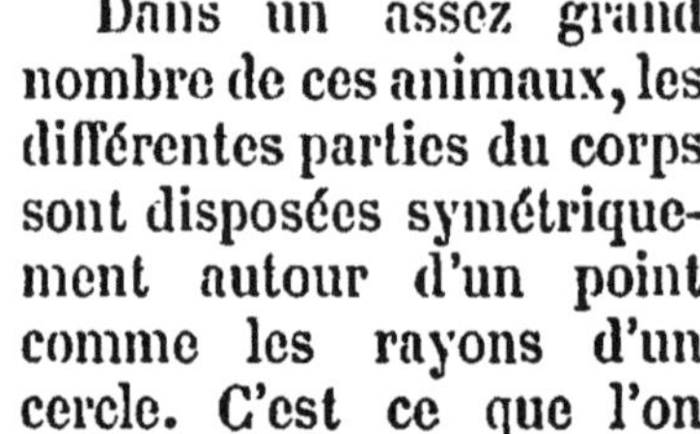

Fig. 11. — Étoile de mer (*animal rayonné*).

Dans un assez grand nombre de ces animaux, les différentes parties du corps sont disposées symétriquement autour d'un point comme les rayons d'un cercle. C'est ce que l'on trouve dans l'*étoile de mer* (*fig.* 11). Les petites lamelles qui entourent la bouche d'un animal du corail présentent la même symétrie et donnent à l'animal l'aspect d'une fleur.

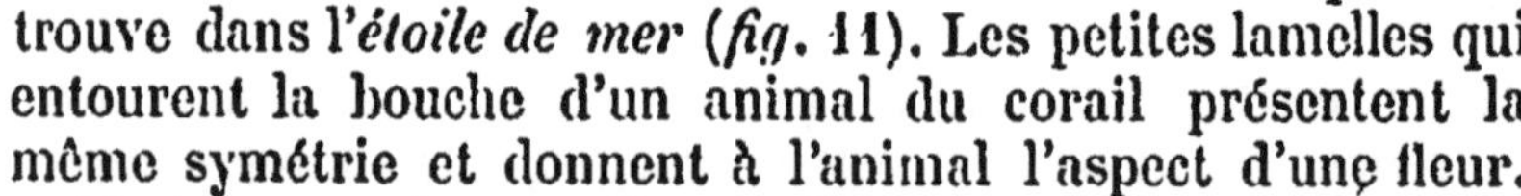

C'est pour cela que l'on a donné au groupe le nom de *rayonné*.

DIVISION DES ANIMAUX VERTÉBRÉS EN CLASSES

23. Caractères généraux des vertèbres. — La présence d'un squelette osseux n'est pas le seul caractère des animaux vertébrés. Ils sont les seuls animaux qui aient, comme l'homme, un cerveau et une moelle épinière. Leur sang est rouge. Leurs organes sont disposés deux par deux avec symétrie, de telle sorte que si l'on coupait un de ces animaux en deux, dans le sens de sa longueur, les deux moitiés seraient composées des mêmes parties, disposées de la même manière.

Supposons que nous ayons sous les yeux : un *loup*, une *pie*, un *lézard*, une *grenouille* et une *carpe*.

Ils ont tous des membres visibles, un squelette formé d'os, ce sont des *vertébrés* qui sont cependant loin de se ressembler. Ils vont nous servir à définir les cinq *classes* dans lesquelles on range les animaux vertébrés.

Fig. 12. — Loup commun (*mammifère*). Hauteur 0m,80.

24. Les *mammifères* ont comme le *loup* (*fig.* 12) *le corps couvert de poils.*

QUESTIONNAIRE

Donner les caractères généraux d'un vertébré (23).
Pourquoi le chien est-il vertébré?
Quels sont les caractères des mammifères (24)?
Citez quelques animaux de cette classe et dites à quoi vous reconnaissez que ce sont des mammifères.

Ils respirent, comme l'homme, par des poumons; leur sang est chaud et quand on les touche on a une sensation de chaleur. Leurs petits naissent vivants, et se nourrissent tout d'abord du lait de leur mère. Celle-ci a des mamelles dans lesquelles le lait se forme. De là leur nom de mammifères ou animaux à mamelles.

Fig. 13. — La pie d'Europe (*oiseau*).

25. La *pie* (*fig.* 13) a le *corps couvert de plumes*, elle a un bec, deux pattes et des ailes qui lui permettent de voler. C'est un *oiseau*.

Nous ajouterons que le sang des oiseaux est chaud. Ils ont des poumons pour respirer. La femelle n'a plus de mamelles; elle pond des œufs qui, une fois couvés, donnent naissance à un petit oiseau.

Fig. 14. — Le lézard (*reptile*).

26. Le *lézard* (*fig.* 14), sera pour nous le type des *reptiles*. Leur corps est couvert d'*écailles* formées par des replis de la peau. Les pattes sont courtes et le ventre traîne à terre quand ils marchent; ils *rampent*. Ils respirent l'air par des poumons. Mais, quand on les touche, ils nous paraissent froids. On dit qu'ils sont à *sang froid*. Ils naissent, comme les oiseaux, d'œufs que pond la femelle.

27. La *grenouille* (*fig.* 15) nous représente la classe des *batraciens*. Ce sont des animaux dont la *peau est nue*. Ils ont, comme les reptiles, le sang froid et ils se reproduisent par des œufs. Mais, au sortir de l'œuf, ils n'ont pas la même forme qu'à l'état adulte. Le *têtard* est le petit de la grenouille, et il ressemble plutôt à un poisson; car il vit dans l'eau et respire par un organe, appelé *branchies*, que l'on trouve dans le poisson. Plus tard, les jeunes batraciens se *métamorphosent*, leur forme change; et, à l'état adulte, ils respirent par des poumons, comme tous les animaux destinés à vivre dans l'air.

Fig. 15. — La grenouille (*batracien*).

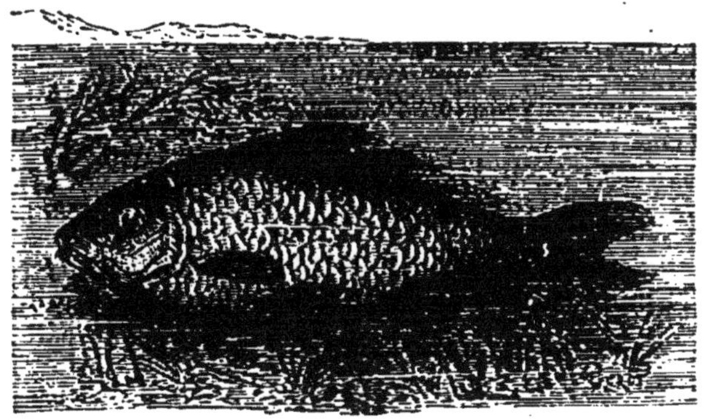

Fig. 16. — La carpe (*poisson*).

28. Les *poissons* (*fig.* 16) sont destinés à vivre dans l'eau. Leur peau est le plus souvent recouverte d'écailles. Ils ont pour membres des nageoires. Ils respirent par des branchies ; ce sont des animaux à sang froid. Ils se reproduisent par des œufs que pond la femelle, et ils ont, au sortir de l'œuf, la forme de l'animal adulte ; ils ne subissent pas de métamorphoses.

QUESTIONNAIRE

Donner les caractères des oiseaux (25).
Reconnaître ces caractères dans l'oie.
Qu'est-ce qu'un reptile (26) ?
Connaissez-vous des reptiles ?
Qu'est-ce qu'un batracien ? citez ceux que vous connaissez (27).
A quels caractères reconnaît-on un poisson (28) ?
Quel est l'organe de la respiration d'un brochet ?

RÉSUMÉ

Il est nécessaire de *classer* les animaux en groupes distincts pour pouvoir indiquer, en peu de mots, les caractères qui les font reconnaître, et pour mettre le plus d'ordre possible dans leur étude.

Le *règne animal* est divisé en quatre *embranchements*.

1° Les *vertébrés* ont tous un crâne, une colonne vertébrale renfermant un cerveau et une moelle épinière. Ce sont les seuls animaux qui aient une charpente osseuse recouverte par la chair. Exemple : le *bœuf*, la *poule*, le *brochet*.

2° Les *annelés* ont le corps divisé par anneaux distincts. Leurs membres, quand ils en ont, sont formés de parties qui se ressemblent, articulées les unes sur les autres. La peau, qui est dure et résistante chez certains annelés, fait l'office du squelette intérieur qui leur manque. Exemple : le *cerf-volant*, le *homard*, le *ver de terre*.

3° Les *mollusques* ont la peau molle. On n'y trouve ni anneaux ni membres articulés. Le plus souvent, le corps de l'animal est renfermé dans une coquille pierreuse. Exemple : *tous les coquillages*.

4° Les *rayonnés* sont des animaux presque exclusivement marins, peu développés, ressemblant parfois à des plantes. Leurs organes sont souvent disposés autour d'un point comme les rayons d'un cercle. Exemple : l'*étoile de mer*.

Les embranchements se divisent en *classes*.
Cinq classes composent l'embranchement des vertébrés.
Les uns vivent et respirent dans l'air ; ils ont des *poumons*.
Les autres vivent et respirent dans l'eau ; ils ont des *branchies*.
Nous diviserons les premiers en animaux à *sang chaud* et animaux à *sang froid*.

Vertébrés à poumons et à sang chaud. — *Mammifères.* — Animaux à poils et à mamelles. Leurs petits naissent vivants.

Oiseaux. — Animaux à plumes et à ailes. Ils naissent d'un œuf.

Vertébrés à poumons et à sang froid. — *Reptiles.* — Animaux à écailles. Ils ont des membres courts, ou ils n'en ont pas. Ils rampent. Ils naissent d'un œuf.

Batraciens. — Leur peau est nue. Ils naissent d'un œuf et respirent d'abord comme les poissons; puis ils se métamorphosent, et respirent par des poumons.

Animaux à branchies et à sang froid. Poissons. — La peau est couverte d'écailles, l'animal a des nageoires. Il naît d'un œuf; il ne subit pas de métamorphoses.

IV. — CLASSE DES MAMMIFÈRES

20. Caractères généraux des mammifères. — L'homme a tous les caractères des mammifères. Il naît vivant; il se nourrit d'abord de lait. Sa peau est couverte de poils qui sont abondants à certaines places. Il n'est pas étonnant que l'organisation des mammifères soit, dans ses traits généraux, la même que celle de l'homme.

Le squelette a la plus grande analogie avec le nôtre et est en général composé des mêmes os (*fig.* 8). Le cerveau est moins développé, et diminue d'importance à mesure qu'on s'éloigne de l'homme.

Si vous voyez ouvrir le corps d'un porc ou d'un lapin (*fig.* 17), vous y trouverez une poitrine séparée du ventre par une cloison; dans la poitrine, le cœur et les poumons; dans le ventre, l'estomac, le foie et l'intestin.

Le mammifère est destiné à vivre dans l'air, à le respirer; il meurt asphyxié si l'air lui manque. Il ne peut pas rester longtemps sous l'eau.

Il a les mêmes organes des sens que l'homme; et quelquefois, ils sont plus parfaits que les nôtres. Par exemple, l'odorat du chien est plus fin que celui de l'homme; il lui permet de suivre le lièvre à la piste.

L'homme est le seul mammifère qui soit conformé pour marcher debout sur deux pieds, et qui ait deux mains à l'extrémité de ses bras.

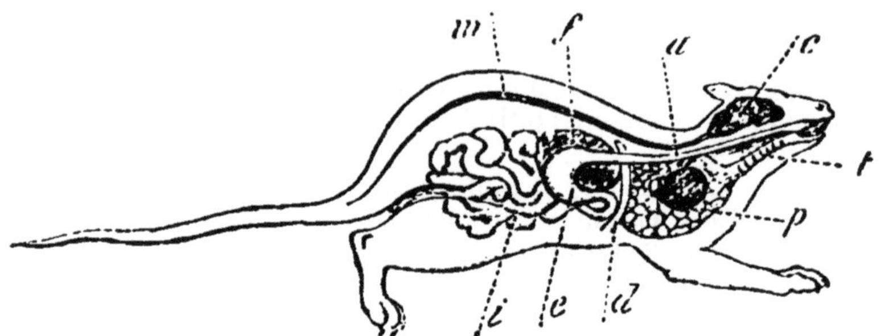

Fig. 17. — Organes intérieurs d'un mammifère : c, cerveau ; m, moelle épinière ; a, cœur ; p, poumons ; d, diaphragme ; e, estomac ; f, foie ; i, intestin.

30. Singes. — Les *singes* se rapprochent le plus de l'homme par la disposition et la forme de leur corps. Cependant ils ne sont pas destinés à marcher debout ; et, s'ils le font, ils se fatiguent promptement. Ils ne peuvent pas non plus marcher longtemps à quatre pattes. Ils ne sont agiles que sur les arbres. Ce sont des animaux *grimpeurs*. Leur caractère distinctif, ce qui les fait reconnaître, c'est la forme de leurs pieds. Les doigts sont longs, opposables au pouce. *C'est une véritable main* (*fig.* 18). La plupart des singes, mais pas tous, ont aussi des mains aux membres antérieurs. Ce sont des mammifères à *quatre mains* (quadrumanes).

Fig. 18. — Patte de singe. — Le pouce est opposable aux autres doigts, comme dans la main de l'homme.

Ils sont à l'aise sur les arbres dont ils saisissent les branches ; de plus ils sautent avec légèreté. Quelques espèces peuvent même enrouler leur longue queue autour des branches ; c'est une cinquième main qui permet à l'animal de rester suspendu entre ciel et terre.

On trouve dans les environs de Gibraltar le *magot*, c'est le seul singe d'Europe.

L'*orang-outang*, que nous avons dessiné (*fig.* 19), habite l'île de Bornéo. Il est de grande taille et sa force est redoutable. Le *gorille* d'Afrique atteint la taille de 2 mètres. Les

Fig. 19. — Orang-outang (hauteur : 1m,40).

singes sont assez doux dans le jeune âge, mais quand ils vieillissent, les inclinations de la brute se réveillent et ils sont dangereux.

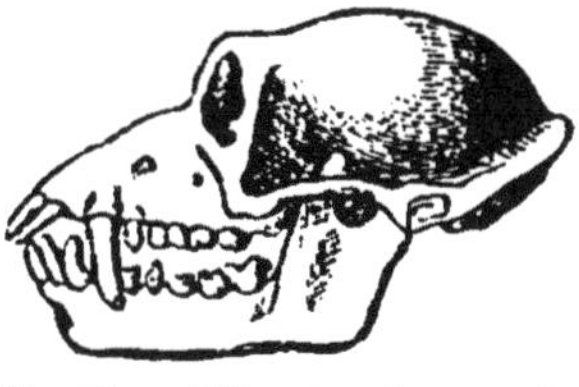

Nous avons dessiné (*fig.* 20), une tête de singe pour montrer combien sa conformation diffère de celle de l'homme. Le crâne est petit, les os de la face prédominent et s'avancent en forme de museau. Les canines très développées deviennent des crocs redoutables, et rapprochent les singes des *carnassiers*.

Fig. 20. — Tête de singe. — Le crâne est petit relativement aux os de la face. Les canines sont très longues.

Ce n'est pas cependant qu'ils vivent toujours de chair. Ils aiment les fruits, les racines, les insectes. Certaines espèces mangent les œufs, les oiseaux et les petits mammifères.

31. Mammifères volants. Chauve-souris.— Voici un singulier mammifère. Il est destiné à se nourrir d'insectes, et il doit les attraper au vol. Aussi a-t-il des ailes. Ce ne sont pas des ailes d'oiseau emplumées. Qu'a-t-il fallu pour transformer en aile une main composée des mêmes os que la nôtre? Les doigts sont devenus démesurément longs. Ils sont réunis par une peau mince qui s'étend ensuite jusqu'à la queue et l'animal a une aile légère dont les mouvements le soutiennent dans l'air.

Fig. 21. — La chauve-souris. — Les pattes de devant ont de longs doigts qui soutiennent la peau des ailes.

La *chauve-souris* (*fig.* 21) est bien un *mammifère volant*, et non pas un oiseau. Son corps est couvert de poils et non

QUESTIONNAIRE

Donner les caractères des mammifères (29).
Quels sont les mammifères à deux mains; à quatre mains?
Pourquoi les singes ont-ils des mains; une queue prenante (30)?
Quels sont les mammifères qui volent (31)?
Quels sont les mammifères qui se nourrissent d'insectes (32)?
Comment est faite la patte du singe; celle de la taupe; celle de chauve-souris.

de plumes; elle a des dents et non un bec; ses petits naissent vivants.

La chauve-souris est un animal nocturne. Elle reste pendant le jour dans les caves, les creux de rochers, et s'accroche à la pierre, la tête en bas, à l'aide du pouce qui est resté petit et qui est terminé par une forte griffe.

Les chauves-souris sortent le soir pour faire la chasse aux insectes, qui sont nos ennemis. Ce sont donc des animaux utiles qu'il ne faut pas tuer.

32. Insectivores. Taupe. — Il en est de même de la *taupe*, du *hérisson*, qui se nourrissent d'insectes.

Le *hérisson* est remarquable par les piquants qui couvrent son corps. Lorsqu'il est attaqué par un renard, il se roule en boule, et ses piquants le préservent des morsures de son ennemi.

Fig. 22. — La taupe. — Les pattes de devant, élargies en forme de pelles, lui servent à creuser la terre; les yeux sont très petits.

La *taupe* passe sa vie sous terre. La nature l'a conformée pour creuser des galeries souterraines. Ses pattes de devant sont fortes et larges comme une pelle. C'est un animal *fouisseur*. On lui fait la chasse, ce qui est injuste et maladroit : injuste, car elle ne se nourrit pas de racines et cause peu de dommage aux plantes; maladroit, parce qu'elle détruit une foule d'insectes, de vers, de larves, qui vivent sous terre, qui rongent les racines, et font de grands dégâts dans les terres cultivées.

33. Carnivores. — Il est des mammifères conformés

pour se nourrir de chair. On les appelle *carnassiers* ou *carnivores*. Les grands carnassiers, les *bêtes féroces* ou *fauves*, sont admirablement conformés pour faire la chasse et tuer, déchirer leur proie. Ils ont des muscles puissants et, par suite, une grande force, une incroyable souplesse pour bondir sur la proie qu'ils ont attendue avec une patience remarquable.

Notre chat peut être cité comme exemple. Voyez une tête de chat, vous remarquerez l'insignifiance des *incisives*, la prédominance des canines qui forment des crocs avec lesquels l'animal tuera sa proie. Les molaires pointues et aplaties coupent la chair comme des lames de ciseaux (*fig.* 23).

Fig. 23. — Tête de carnivore (*panthère*). — Dents incisives petites; canines fortes en forme de crocs; molaires aplaties, tranchantes, propres à couper la chair.

Fig. 24.
Griffe mobile du lion.

Regardez ensuite sa patte, elle est douce quand le chat fait patte de velours, mais ses doigts n'en sont pas moins terminés par des griffes aiguës. L'animal les maintient relevées pour qu'elles ne s'émoussent pas lorsqu'il marche sur le sol. Mais, qu'il saute sur une souris, les griffes s'abaissent et s'enfoncent comme des harpons dans la peau de sa victime (*fig.* 24).

Le *lion*, le *tigre*, la *panthère*, le *léopard* ne sont que des chats de grande taille, armés pour l'attaque, et redoutables par leur force.

34. Lion.— Le *lion* (*fig.* 25) est remarquable par sa force, sa souplesse, la grâce de ses mouvements. Sa belle tête est, chez le mâle, entourée d'une longue crinière qui descend sur le cou et les épaules, et lui donne un aspect majestueux. Son rugissement est puissant. Animal de proie par excellence, il chasse la nuit les troupeaux de gazelle.

Il habite l'Asie et l'Afrique.

Fig. 23. — Lion d'Afrique (hauteur : 1 mètre).

35. Tigre. — Le *tigre* se trouve dans l'Inde. C'est un bel animal dont la robe fauve est rayée de bandes noires transversales. Sa grande taille, sa force, sa souplesse, sa férocité le rendent redoutable pour les animaux sans défense et même pour l'homme.

La *panthère*, dont la robe est marquée de taches noires, se trouve également dans l'Inde.

L'*hyène*, le *chacal*, que l'on trouve en Afrique et en Syrie, vivent de cadavres.

Le *chat* n'est pas, à proprement parler, un animal domes-

QUESTIONNAIRE

Quelle est la nourriture du lion; du tigre (34-35)?
Quelle est la forme de leurs dents?
Quelle disposition particulière présentent leurs griffes?
Dans quels pays les trouve-t-on?

tique. Il s'attache plus à la maison qu'il habite qu'aux personnes qui le soignent.

36. Chien. — Il n'en est pas de même du chien. C'est un compagnon fidèle et intelligent. Il reconnait son maître, lui obéit, se laisse frapper par lui, et par lui seul ; il le défend en cas d'attaque. Moins carnassier que le chat, il n'a pas, comme lui, les griffes mobiles. Il existe une grande variété de chiens. Les plus grands, les *mâtins*, ont la tête allongée, le museau effilé. Tels sont les *lévriers*, le *chien de berger*, le chien *danois*.

L'*épagneul* a la tête moins allongée et le museau plus court. Les *chiens* de chasse : *chien d'arrêt*, *chien courant*, le *chien de Terre-Neuve* sont des épagneuls.

Les *dogues* ont le museau court, le front saillant, le corps robuste. Tels sont les *chiens de boucher* et les *roquets*.

37. Loup. — Le *loup* (*fig.* 12) ressemble beaucoup au chien. Il se nourrit de proie vivante et, à défaut, de cadavres. C'est l'ennemi bien connu des troupeaux de moutons. On le trouve dans nos forêts. Il chasse la nuit; pendant l'hiver, la faim le fait sortir du bois. Il s'approche des villages et il attaque le cheval, le gros bétail et même l'homme.

Fig. 26. — Le renard (hauteur : 0m,40).

38. Renard. — Le *renard* (*fig.* 26) habite les bois et s'y creuse un terrier. C'est encore le soir qu'il se met en chasse pour surprendre les poules et les perdrix. Il détruit beaucoup de rats et de mulots.

Les espèces qui vivent au Canada et en Sibérie sont recherchées pour leurs fourrures.

Nous citerons parmi les petits carnassiers la *belette* et le *furet* dont le corps est très allongé. On se sert de celui-ci pour chasser le lapin.

La *loutre* est presque amphibie; elle habite le bord de l'eau et plonge facilement; elle se nourrit de poisson et dépeuple en peu de temps un vivier.

Tous les carnivores dont nous venons de parler, marchent, comme les chats, sur l'extrémité de leurs doigts. Il en est d'autres qui appuient, en marchant, sur la plante du pied.

Fig. 27. — L'ours brun (hauteur : 1m,10).

39. Ours. — L'*ours* (*fig.* 27) est de ce nombre. On le rencontre dans les Alpes et les Pyrénées. Il se retire dans

QUESTIONNAIRE

Quelles sont les diverses races de chien; pourquoi les griffes du chien sont-elles moins aiguës que celles du chat (36)?
Où se cachent, pendant le jour, le loup, le renard, l'ours (37)?
Quelle différence de marche observe-t-on entre l'ours et le chien (38)?

un creux de rocher, ou dans un tronc d'arbre creux. Sa démarche est lourde, mais sa force le rend redoutable. Il se tient debout et cherche à étouffer son ennemi sous la pression puissante de ses bras.

L'ours attaque bien parfois les moutons et les veaux, mais le plus souvent, il se nourrit de fruits, de racines et de miel, dont il est très friand.

Les mers polaires nourrissent l'*ours blanc.*

Le *blaireau* est un animal de nos pays. Il habite un terrier pendant le jour et ne sort que la nuit pour attraper les mulots et les reptiles.

Ses jambes sont courtes, ses pieds longs. Ses poils blancs et noirs sont recherchés pour faire des pinceaux.

40. Rongeurs. — Les animaux que nous avons passés en revue, avaient les trois sortes de dents : canines, incisives et molaires. Le groupe des rongeurs n'a plus de canines. Ces animaux se nourrissent, principalement, de graines et de plantes.

Une tête de lapin (*fig.* 28) a ses mâchoires garnies de molaires plates et d'incisives relativement fortes. Entre les deux se trouve un espace vide, où il n'y a pas de dents. Voyez un lapin brouter une feuille de chou. Sa mâchoire inférieure se meut d'avant en arrière et dans ce mouvement les incisives déchirent et rongent la feuille. C'est de la même manière que les rats, les souris rongent le linge, le papier, le bois.

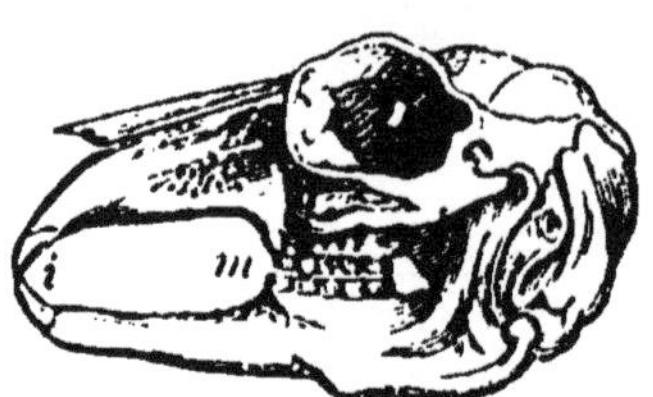

Fig. 28. — Tête de lapin (rongeur). — L'animal n'a pas de dents canines : *i*, dents incisives ; *m*, molaires.

Le *lapin* est un animal inoffensif qui se cache dans les garennes qu'il a creusées. Les lapins se multiplient rapidement, et ils deviennent alors nuisibles.

Le *lièvre* gîte dans les broussailles, il est recherché des chasseurs.

L'*écureuil* est un joli petit animal, remarquable par sa

longue queue soyeuse qu'il maintient relevée. Il vit sur les arbres, s'y meut avec facilité, grimpant à l'aide de ses griffes, sautant de branche en branche. Il cache dans le creux des arbres, les noisettes, les châtaignes, les graines de pin dont il se nourrit.

Les *souris*, les *rats*, les *mulots* sont des animaux très nuisibles, qu'ils habitent nos maisons ou nos champs. Bien qu'ils soient traqués par les chats, les hiboux, les renards, ils se multiplient rapidement.

Fig. 29. — La marmotte (longueur : 0m,33).

La *marmotte* (*fig.* 29) vit dans les Alpes. Alerte pendant la belle saison, elle s'engourdit et dort pendant l'hiver sans prendre de nourriture.

QUESTIONNAIRE

Vous avez devant vous une tête de chat et une tête de lièvre dépouillées de leur peau, pourrez-vous les distinguer l'une de l'autre (40)?

Pourquoi dit-on que le rat est un rongeur?

Nommez les rongeurs que vous connaissez.

RÉSUMÉ

Parmi les mammifères qui ont la dentition complète : incisives, canines et molaires on trouve :

L'*homme* qui a deux pieds et deux mains.

Les *singes* ont deux mains à l'extrémité des membres inférieurs et souvent deux autres mains à l'extrémité des bras. Ce sont des animaux grimpeurs.

Les *carnivores* se nourrissent de proie vivante ou morte. Ils ont des crocs (*canines*) qui leur servent à tuer les animaux qu'ils chassent, des molaires tranchantes qui servent à couper la chair.

Les bêtes féroces (*lion*, *tigre*, etc.) ont comme le chat des griffes aiguës qu'ils tiennent relevées pendant la marche.

Le *chien*, le *loup*, le *renard* ont les ongles immobiles et marchent, comme les bêtes féroces, sur l'extrémité des doigts. L'*ours*, le *blaireau* appuient, en marchant sur la plante des pieds.

La plupart chassent la nuit et sont d'excellents sauteurs. Le jour, ils se cachent dans les taillis (*loup*, *tigre*) ou dans des creux de rochers (*ours*), ou dans des terriers (*renard*, *blaireau*).

Les uns se nourrissent de proie vivante (*lion*, *renard*), les autres de cadavres (*loup*, *chacal*, *hyène*). Le *furet* suce le sang des lapins, la *loutre* se nourrit de poisson.

Le *chat* et surtout le *chien* sont les seuls animaux utiles de ce groupe.

Les mammifères qui se nourrissent d'insectes sont : les *chauve-souris* dont les membres antérieurs sont transformés en ailes, et qui chassent la nuit ; la *taupe* qui creuse des galeries souterraines pour trouver les vers dont elle se nourrit ; le *hérisson* dont le corps est couvert de piquants. Ce sont des animaux utiles.

Les *rongeurs* sont des animaux qui n'ont pas de canines. Ils rongent leurs aliments avec leurs incisives. Ces aliments sont le plus souvent empruntés au règne végétal.

Le *lapin*, le *lièvre* entrent dans notre alimentation.

Le *rat*, la *souris*, le *mulot*, détruisent nos provisions et nos récoltes, ils sont nuisibles.

V. — MAMMIFÈRES HERBIVORES A SABOTS

41. — Nous arrivons aux animaux dont la nourriture est essentiellement végétale. Les extrémités des doigts sont complètement enveloppées par l'ongle ; celui-ci porte le nom de *sabot*.

42. Eléphants. — Les premiers dont nous nous occuperons ont la peau épaisse, on les appelle *pachydermes*.

La nature a donné à l'éléphant un corps épais et trapu (*fig.* 30). Sa taille peut atteindre 4 ou 5 mètres, et son poids est de 6 à 7 000 kilogrammes. Ce gros corps est soutenu par des jambes, massives comme des piliers ; les pieds sont courts et ont cinq doigts distincts, enveloppés complètement par l'ongle.

Fig. 30. — Éléphant d'Asie. — Animal à peau épaisse, ayant deux défenses, une trompe, cinq doigts enveloppés de sabots (hauteur : 3m,30).

La peau est rude et dure, et les poils sont rares ; la tête est remarquable par sa grosseur ; les yeux sont petits, vifs, intelligents ; les oreilles larges et tombantes. Il sort de la bouche deux dents énormes qui sont les *défenses* de l'éléphant. Leur poids varie de 10 à 15 kilogrammes ; on les recherche, car elles nous fournissent l'*ivoire*.

Le nez, et c'est une des particularités les plus remarquables, le nez s'allonge en une trompe longue et flexible. Elle se termine par un prolongement charnu, une sorte de doigt dont l'animal se sert pour saisir de menus objets, tels qu'une pièce de monnaie. Sans cette trompe, qui a plus de 2 mètres de long, l'éléphant mourrait de faim ; car, d'après la conformation de la tête et la brièveté du cou, il ne pourrait atteindre à terre l'herbe dont il se nourrit. Il la saisit avec la

QUESTIONNAIRE

Qu'est-ce qu'un sabot (41) ?
Quelle différence y a-t-il entre un ongle et un sabot ?
Qu'est-ce qu'un pachyderme (42) ?
Où vivent les éléphants ?
Quels sont les caractères distinctifs des éléphants ?

trompe et il l'amène à la bouche. Avec elle, il peut briser de jeunes arbres, soulever de lourds fardeaux; c'est aussi pour lui une arme défensive.

Les éléphants vivent par troupes dans l'Inde et dans l'île de Ceylan. Ils y sont, depuis des siècles, réduits à la domesticité. On s'en sert, comme bêtes de somme, à la chasse et à la guerre.

Les éléphants d'Afrique, plus grands que ceux de l'Inde, vivent à l'état sauvage.

43. Cheval. — Le *cheval* est un animal qui n'a qu'un seul doigt apparent, renfermé dans un *sabot* corné (*fig.* 31).

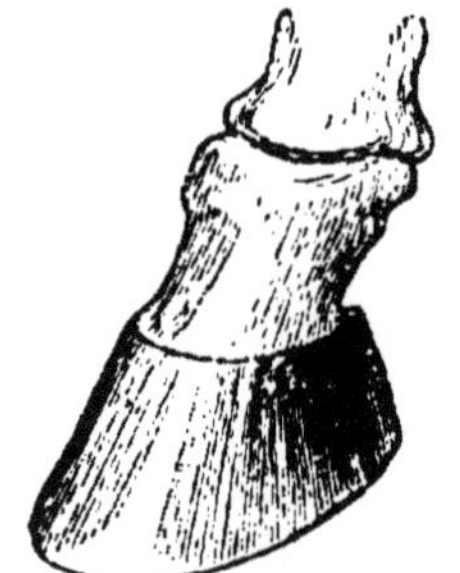

Fig. 31. — Sabot de cheval. — Un seul doigt enveloppé par un sabot.

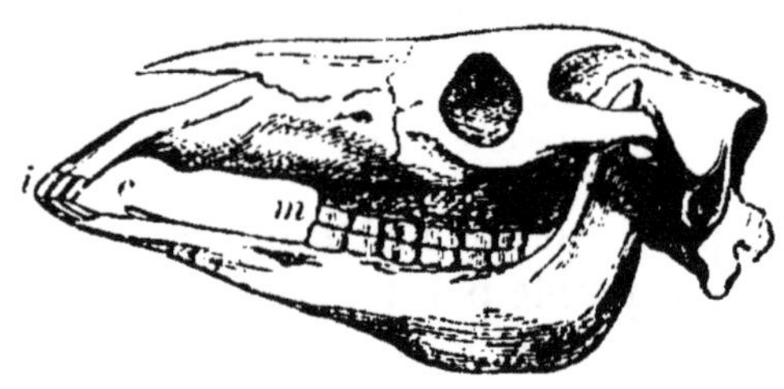

Fig. 32. — Tête de cheval : *i*, incisives ; *c*, canines peu développées ; *m*, molaires.

Tout le monde connaît sa forme et celle de sa tête. Ses dents canines sont très peu développées (*fig.* 32) et il existe entre les incisives et les molaires un espace vide où se place la barre du mors. Ces molaires plates servent à broyer le foin et l'avoine dont on le nourrit.

On sait qu'il a le poil ras, sauf à la crinière et à la queue, où le crin est long.

Nous ne nous étendrons pas sur les services que nous rend cet animal domestique, soit comme cheval de selle, soit comme cheval de trait. Il nous est encore utile après sa mort. On mange sa chair; sa peau donne un cuir estimé; on utilise ses os, la corne de ses sabots. Le crin sert à faire des matelas et des toiles pour les tamis.

Il existe de nombreuses races de chevaux : nous citerons rapidement : les gros chevaux de roulage que l'on élève dans le département du Nord; les chevaux de carrosse du Perche; les chevaux de course anglais aux formes très effilées; le cheval arabe, sobre, rapide, infatigable.

44. Ane. — L'*âne* se place auprès du cheval. C'est la bête de somme des pauvres gens. Il est plus petit que le cheval; sobre, il se nourrit de plantes dures que dédaignerait celui-ci. On fabrique avec sa peau des tambours et des cribles.

45. Rhinocéros. — Cet animal, un des plus gros de la création, se rapproche de l'éléphant par sa forme massive. Sa peau nue, épaisse et rude, forme des replis; elle est assez dure pour être à l'épreuve de la balle (*fig.* 33).

Fig. 33. — Rhinocéros. — Animal à peau épaisse, dure : à sabots; portant une corne sur le nez (hauteur : 1m,50).

Il n'a ni trompe ni défenses; mais, il a sur le nez une longue corne (quelquefois deux), et c'est une arme redoutable. L'animal s'en sert pour déraciner les jeunes arbres. Il se trouve en Afrique, à Java et à Sumatra.

On lui fait la chasse pour avoir sa peau et sa corne.

46. Hippopotame. — L'*hippopotame* hante les lacs et les rivières de l'Afrique centrale. Ce monstrueux animal a d'énormes défenses qui lui sortent de la bouche et qui sont recherchées pour la beauté de leur ivoire (*fig.* 34).

Elles lui servent sans doute de pioches pour déraciner les plantes dont il se nourrit. Il reste plongé dans l'eau toute la

Fig. 34. — Hippopotame. — Animal à peau épaisse et à sabots (hauteur : 1m,60; longueur : 2m,50).

journée et ne laisse sortir que l'extrémité du museau pour respirer. Le soir, il vient à terre.

47. Sanglier. — Nos forêts nourrissent le *sanglier* qui est un cochon à l'état sauvage (*fig.* 35).

Ce qui donne au sanglier un aspect farouche, c'est la forme de la tête, du nez ou *groin* qui lui sert à fouiller. Ses yeux sont petits : les canines, très longues, sortent de la bouche, forment des *défenses* et sont pour lui une arme redoutable. Il a les trois sortes de dents. Son pied est fourchu comme celui du porc : les quatre doigts sont entourés de sabots, deux seulement posent à terre et servent à la marche. Enfermé tout le jour dans sa bauge, le sanglier sort le soir;

QUESTIONNAIRE

A quoi reconnaît-on un rhinocéros (45); un hippopotame (46)?
Quels sont les animaux qui fournissent l'ivoire?
Donner les caractères distinctifs du cheval (43).

et, comme il se nourrit de glands, de fruits, de racines, il est un voisin incommode, parce qu'il ravage les champs cultivés.

Fig. 35. — Sanglier. — Animal à peau épaisse : quatre doigts entourés de sabots, longues défenses (hauteur : 1 mètre).

Sa chasse n'est pas sans danger, il tient tête aux chiens, et les blesse à coups de boutoir ou avec ses défenses.

48. Porc. — C'est un animal domestique dont il existe plusieurs races. Il est peu intelligent ; il recherche la fraîcheur, et pour la trouver, il va jusqu'à se vautrer dans les eaux bourbeuses ou la fange. On l'engraisse pendant un ou deux ans avant de le tuer ; on le nourrit avec des eaux grasses de cuisine, des pommes de terre, etc.

Sa chair se mange fraîche ; conservée dans le sel, elle est l'objet d'un grand commerce, surtout en Amérique.

Fig. 36. Pied fourchu d'un ruminant.

49. Ruminants. — Les animaux qui nous occupent actuellement ont la peau épaisse, le pied fourchu et les doigts enveloppés dans des sabots (*fig.* 36). Ils ont souvent sur le front des cornes, prolongement des os du front.

Leur tête, dépouillée de sa chair, se reconnaît à ce que les dents incisives manquent à la mâchoire supérieure (*fig.* 37). Ils n'ont pas de canines, et les molaires plates servent à broyer l'herbe dont ils se nourrissent.

Fig. 37. — Tête d'un ruminant (*mouton*) : *i*, dents incisives de la mâchoire inférieure : elles manquent à la mâchoire supérieure ; *m*, molaires plates ; il n'y a pas de canines.

50. Mais la particularité la plus remarquable de ce groupe est la suivante. Ils broutent l'herbe rapidement ; après une mastication incomplète elle descend, imprégnée de salive, dans l'estomac.

La provision faite, l'animal a la faculté de faire remonter dans la bouche des pelotes d'herbes ramollies par leur séjour dans l'estomac. Il les mâche à loisir, et tout le monde a vu un bœuf couché dans une prairie se livrer longuement à cette opération : il *rumine*.

L'herbe, divisée en petits fragments par cette seconde mastication, redescend dans une autre portion de l'estomac, elle est digérée dans le très long intestin de l'animal.

L'estomac (*fig.* 38) d'un ruminant est plus compliqué que celui d'un autre mammifère. Il présente quatre cavités distinctes. L'herbe qui vient d'être broutée s'accumule dans les deux premières nommées la *panse* et le *bonnet*. Après la seconde mastication, elle se rend dans le *feuillet* et dans la *caillette*. Le nom de feuillet a été donné à une partie de l'estomac dont la peau est repliée comme les feuillets d'un

QUESTIONNAIRE

Quelle différence y a-t-il entre le pied du cheval et celui du bœuf (49) ?
Comment est faite la patte du sanglier ?
Pourrait-on distinguer par les dents, les têtes du cheval, du bœuf, du porc ?
Qu'est-ce qu'un ruminant (49) ?
Comment est disposé son estomac (50) ?

livre. La *caillette* est la cavité dans laquelle se caille le lait que boit un jeune veau.

51. Bœuf. — Notre bétail est composé de ruminants. Le *bœuf*, le *mouton*, la *chèvre*, sont réduits depuis longtemps à la domesticité et il en est résulté des races nombreuses. L'espace nous manque pour en parler avec détail. Le bœuf sert dans certains pays comme bête de trait; la vache nous donne son lait avec lequel nous faisons des fromages et du beurre; ce que l'on recherche dans le bœuf, animal de boucherie, c'est la viande. L'homme a cherché à se procurer des races qui tantôt ont une grande force musculaire, tantôt donnent des vaches bonnes laitières, ou sont d'un engraissement facile et donnent un grand poids de viande.

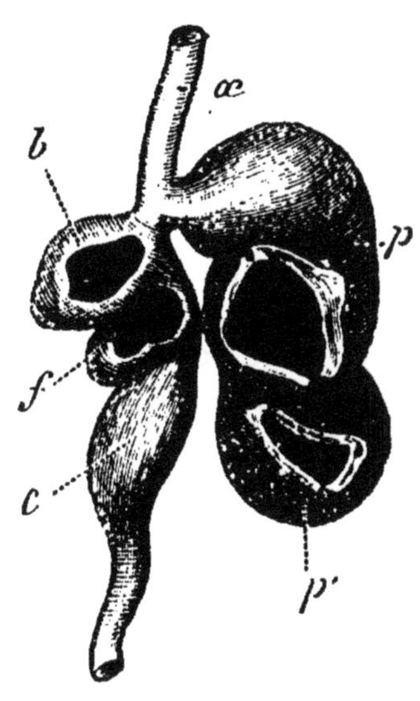

Fig. 38. — Estomac d'un ruminant : *œ*, œsophage : *p*, *p'*, panse ; *b*, bonnet ; *f*, feuillet ; *c*, caillette.

52. Mouton. — Les moutons sont aussi des animaux de boucherie; mais on les élève encore pour leur toison, et les belles races *mérinos* sont remarquables par la longueur et la finesse de leur laine. Nous en dirions autant des chèvres, en citant les chèvres du Cachemire qui donnent les poils les plus fins.

L'élevage des bœufs et des moutons se fait dans nos fermes, mais le nombre des bêtes que la France produit n'est pas comparable à celui des troupeaux que nourrissent les prairies naturelles de l'Amérique (à Buenos-Ayres) et de l'Australie.

QUESTIONNAIRE

Montrer l'utilité du bœuf; du mouton; de la chèvre (51).
Quel est de ces trois animaux celui qui vous semble le plus utile?
Citez les principaux ruminants domestiques (51).

On utilise la chair de ces animaux; leurs peaux tannées nous donnent le cuir ou les peaux de gants.

La laine des moutons est un produit de premier ordre; on pourrait se passer de la chair de mouton, mais non de sa laine. Car le vêtement est pour nous un des plus grands bienfaits de la civilisation. Il nous épargne des maladies. Il nous permet de nous acclimater dans les contrées froides comme dans les pays chauds, et le vêtement par excellence est le vêtement de laine.

Il n'est pas jusqu'à la corne des ruminants qui nous soit utile. En effet, chez les animaux, les prolongements osseux du front sont recouverts d'un étui corné qui appartient à la peau, et que le boucher enlève avec elle en dépouillant l'animal. Les cornes du bœuf sont lisses et recourbées; celles du bélier sont roulées en spirale, celles du bouc et de la chèvre courbées en arrière.

Si nous passons en revue les autres ruminants réduits à la domesticité, nous trouvons en Afrique et en Asie le *chameau* et le *dromadaire*.

53. Chameau. — Le *chameau* (*fig.* 39) n'a pas de cornes; le pied est large et enfonce difficilement dans le sable. Il peut rester longtemps sans boire, il est sobre et broute les herbes dures qui poussent dans le désert. C'est la bête de somme qui convient à ces contrées sablonneuses et stériles que l'on trouve en Afrique et en Asie, et qui portent le nom de *déserts*. Le chameau n'est pas un animal gracieux. La forme de sa tête, ses lèvres largement fendues, son long cou, les loupes de graisse qui lui font des bosses sur le dos, sa démarche, tout lui donne un aspect bizarre.

Ce n'en est pas moins un animal utile, souvent indispensable. Il porte de lourds fardeaux, et sa marche peut être assez rapide pour lui faire faire 50 lieues en un jour. En outre, il donne son lait, et son poil sert à fabriquer des étoffes grossières.

Le chameau de Perse a deux bosses; le dromadaire d'Afrique n'en a qu'une.

Le *lama* est un animal du Pérou qui y tient la place du chameau.

Fig. 39. — Chameau à deux bosses (*ruminant*). Hauteur : 2m,30.

54. Renne. — Le *renne* (*fig.* 40), animal qui ressemble aux cerfs de nos forêts, est le bétail du Lapon et des peuples qui habitent le nord de la Sibérie.

Ces contrées sont désolées par le froid. La neige couvre le sol pendant la plus grande partie de l'année.

Le renne est très sobre et il fouille la neige pour trouver les lichens, pauvres végétaux qui forment sa nourriture.

Sa tête est ornée de *bois* qui atteignent de grandes dimensions. Ce sont les os du front de l'animal ; ils ne sont pas, comme celles du bœuf, recouvertes d'un étui corné. L'os est à nu et se divise en branches nombreuses et larges. L'animal dont les jambes sont fines est un bon coureur, et les Lapons

QUESTIONNAIRE

Dans quels pays trouve-t-on le chameau et quel service rend-il (53)?
Même question pour le renne (54).
Comment est conformé le chameau ?
Quelle différence établissez-vous entre un chameau et un dromadaire?

l'attellent à leurs traîneaux dans leurs voyages. Ils se nourrissent en outre de son lait et de sa chair, et ils se font des habits avec sa peau.

Fig. 40. — Renne (*ruminant*). Hauteur : 1m,15.

55. Ruminants sauvages. — Comme nous l'avons dit, nous trouvons dans nos forêts le *cerf* qui y vit par troupes. La tête du mâle est seule armée de *bois*. C'est le nom que l'on donne à ses cornes. Elles tombent au printemps et repoussent pendant l'été. La *biche* est la femelle du cerf.

Le *chevreuil*, que l'on chasse pour la bonté de sa chair, a des cornes moins développées que le cerf.

Nous ne faisons que citer les *bisons*, analogues à nos bœufs qui vivent dans les prairies d'Amérique : les *gazelles*, qui se rapprochent de nos chèvres ; on les trouve en Afrique.

56. Girafe. — L'Afrique nourrit la *girafe* (*fig.* 41). Elle est remarquable par la longueur de son cou et de ses pattes,

QUESTIONNAIRE

Qu'est-ce qu'on appelle les bois d'un cerf (55)?
Quels sont les ruminants que l'on trouve dans nos forêts?
Que présente de remarquable la girafe; où la trouve-t-on (56)?

surtout de celles de devant. Elle a, sur une tête relativement petite, deux cornes recouvertes par la peau. Elle se nourrit

Fig. 41. — Girafe (*ruminant*). La distance de la tête au sol est 6m,50.

de bourgeons et de feuilles d'arbres que sa grande taille lui permet d'atteindre. C'est un animal inoffensif. Lorsqu'il est attaqué, il cherche son salut dans la rapidité de sa course.

QUESTIONNAIRE

Comment se nomme la femelle du cerf (53)?
Par quoi diffèrent les cornes du cerf; de la girafe; du taureau (56)?
Tous les ruminants ont-ils des cornes?
Ont-ils tous le pied fourchu?

RÉSUMÉ

Il est des mammifères dont les doigts ont des *sabots* formés par les ongles qui les enveloppent complètement. Ils sont *herbivores.*

Pachydermes. — L'éléphant est un très gros animal, aux formes massives, remarquable par la longueur de ses *défenses* et par l'existence d'une *trompe.* Elle lui sert à prendre les objets, et aussi à se défendre.

Le *cheval* a quatre pieds qui se terminent chacun par un seul doigt. Les dents sont disposées en deux groupes séparés l'un de l'autre : les dents de devant ou incisives avec lesquelles il mord, les dents du fond ou molaires qui lui servent à broyer le foin. C'est un des animaux domestiques les plus utiles à l'homme.

Le *rhinocéros* est un gros animal, farouche, à la peau rude, qui a pour arme offensive une ou deux cornes plantées sur le nez.

L'*hippopotame* est encore monstrueux. Il passe sa vie dans l'eau. D'énormes défenses lui sortent de la bouche.

Le *sanglier*, le *porc*, qui n'est qu'un sanglier domestique, ont des défenses qui leur sortent de la bouche. Leur pied fourchu a quatre doigts; le nez allongé est terminé par un groin. La chair de porc entre largement dans notre alimentation.

Ruminants. — Les *ruminants* sont des animaux qui mâchent à deux reprises différentes les herbes dont ils se nourrissent. Leur estomac a quatre cavités. L'herbe séjourne dans la *panse* et le bonnet après la première mastication; dans le *feuillet* et la *caillette*, après la seconde.

Les ruminants ont le pied fourchu, et beaucoup de mâles ont la tête ornée de cornes.

Ruminants domestiques. — Le *bœuf* est un animal de trait; on l'élève pour la boucherie, pour le lait que donne la vache, pour le cuir fabriqué avec sa peau.

Le *mouton* est élevé pour sa chair, sa laine et sa peau. Le *bélier* a seul des cornes en spirale.

La *chèvre* est élevée pour son lait, son poil, sa peau. Ses cornes sont recourbées en arrière. Elle a au menton une touffe de poils longs.

Le *chameau* a le pied large, un long cou, une ou deux bosses de graisse sur le dos, de longues jambes. Il rend de grands services aux caravanes qui transportent des marchandises au travers des déserts de l'Afrique et de l'Asie. En Amérique, le *lama* rend les mêmes services.

Le *renne* est une sorte de cerf à bois très développés. Il vit dans les contrées glacées de la Laponie et de la Sibérie. C'est à la fois une bête de trait et un bétail dont on mange la chair, le lait.

Ruminants sauvages. — Le *cerf* et le *chevreuil* d'Europe, les *bisons* d'Amérique, les *gazelles* d'Afrique n'ont pu être réduits à la domesticité. Il en est de même de la *girafe*, grand animal coureur remarquable par l'extrême longueur de son cou et de ses pattes.

VI. — MAMMIFÈRES AQUATIQUES

Tous les animaux que nous avons décrits vivent sur terre. Il en est d'autres conformés pour vivre dans l'eau.

57. Amphibies. — Les uns se tiennent sur l'eau la plupart du temps ; mais ils peuvent demeurer à terre et s'y mouvoir. On dit qu'ils sont *amphibies.*

58. Phoque.— Le *phoque* (*fig.* 42) est de ce nombre. Sa tête ressemble à celle d'un chien dont on a coupé les oreilles. La partie antérieure du corps est celle d'un mammifère; la partie postérieure s'effile comme le corps d'un poisson. Les pattes de devant sont couvertes par une peau et se trouvent

Fig. 42. — Le phoque moine (*amphibie*). Longueur : 1m,30 à 2m,50.

transformées en nageoires; les pattes postérieures réunies forment une nageoire horizontale au milieu de laquelle passe la queue. Il a les trois sortes de dents. Le phoque nage très bien, et se meut moins facilement à terre, où il vient pour allaiter ses petits. Il se nourrit de poissons. C'est un animal doux, inoffensif. Il habite les mers du nord. Les Esquimaux se nourrissent de sa chair, et de la graisse ou huile qu'il fournit en grande quantité.

59. Cétacés. — Les *cétacés* sont franchement marins.

Ils ne quittent pas la mer. Leur conformation générale pourrait les faire confondre avec les poissons. Le vulgaire range les marsouins, la baleine parmi les poissons.

En effet, la tête et le corps sont tout d'une venue; il n'y a pas de cou. Le corps s'effile de la tête à la queue qui est terminée par une nageoire horizontale. Les membres postérieurs ont disparu. Les membres antérieurs enveloppés complètement par la peau sont de véritables nageoires. D'autre part, la peau est couverte de poils rares; l'animal ne peut vivre sans respirer l'air; les petits naissent vivants et sont allaités par la mère. Ce sont donc bien des mammifères.

Fig. 43. — Le dauphin (*cétacé*). Longueur : 1m,50.

Nous avons dessiné (*fig.* 43) un *dauphin*. Les *marsouins* qui vivent sur nos côtes ont, à peu près, la même conformation.

60. Baleine. — La *baleine* habitait nos mers à une certaine époque; mais traquée par les baleiniers, elle s'est réfugiée dans les mers polaires, et le nombre en diminue tous les jours.

C'est le plus grand des animaux (*fig.* 44). Sa taille est de

QUESTIONNAIRE

Qu'est-ce qu'un animal amphibie (57)?
Comment sont disposés les membres d'un phoque (58)?
Quelle est la forme extérieure d'un marsouin (59)?
Pourquoi dit-on que le marsouin n'est pas un poisson?
Quel est le plus gros animal de la création (60)?
Comment respire une baleine?

20 à 30 mètres, l'épaisseur du corps dépasse deux fois la taille d'un homme; sa bouche largement fendue n'a pas de

Fig. 44. — La baleine franche (cétacé). Longueur : 25 à 30 mètres.

dents, mais elle est tapissée de lames cornées qui ont 3 mètres de long. On les débite dans le commerce sous le nom de *baleines.*

Ces animaux monstrueux se nourrissent de petits coquillages. On leur fait une chasse active pour recueillir leur graisse qui a l'aspect de l'huile.

On les tue à coup de harpon lorsqu'elles viennent au-dessus de l'eau pour respirer.

Le *cachalot* est une sorte de grande baleine que l'on chasse également.

61. Nous avons laissé de côté, faute d'espace, certains groupes de mammifères curieux, tels que les *fourmiliers* qui n'ont pas de dents et qui se nourrissent de fourmis; les *sarigues* qui ont sur le ventre une poche où se logent les petits pendant la période de l'allaitement; un autre animal de l'Australie, l'*ornythorinque*, qui a un bec et des pattes de canard. Nous en avons dit assez pour faire comprendre quelle est la variété de forme des mammifères.

RÉSUMÉ

Les *amphibies* tels que le *phoque* et le *morse* vivent alternativement sur terre et sur mer. Ils se nourrissent de poissons. Leurs doigts réunis par une peau, comme ceux du canard, leur servent de nageoires.

Les *cétacés* ne vivent que sur mer. Ils plongent facilement, mais il leur faut revenir à la surface pour respirer. Les uns ont des dents comme le *marsouin*, le *cachalot*. Dans la *baleine*, les dents sont remplacées par des lames cornées.

Les cétacés ont une queue horizontale et les membres antérieurs disposés en forme de nageoires. Les membres postérieurs manquent.

La baleine est le plus gros des animaux. Elle fournit une huile qui est employée à assouplir le cuir.

VII. — CLASSE DES OISEAUX

62. Un oiseau se reconnaît à première vue. Il a des plumes, des ailes, il peut voler; sa tête se termine par un bec, et il a deux pattes.

Fig. 45. — Squelette d'oiseau : *a*, crâne; *v*, bec ; *b*, cou; *i*, côtes; *h*, bréchet; *f*, *c*, *o*, os de l'épaule; *d*, bras; *e*, avant-bras; *g*, *s*, main; *u*, os des hanches; *j*, os de la cuisse; *k*, jambe; *l*, tarse (os du pied); *p*, doigts de la patte.

On retrouve dans son squelette (*fig.* 45) à peu près les mêmes os que dans celui d'un mammifère. Remarquez le grand développement pris par l'os de la poitrine, le *bréchet;* la chair qui le recouvre (le blanc de poulet) est composée de muscles puissants qui font mouvoir les ailes.

63. Vol. — L'animal s'élève dans l'air en frappant celui-ci avec force, à l'aide de ses ailes qu'il abaisse. Il développe dans ce mouvement un grand effort musculaire, et c'est pour cela que nous trouvons les muscles accumulés sur la poitrine. Ils donnent aux ailes un mouvement rapide dirigé de haut en bas; l'air résiste à ce mouvement; c'est-à-dire, ne fuit pas devant l'aile; il lui offre un point d'appui qui soutient le corps de l'oiseau. Il lui permet encore de se soulever, ou de s'avancer dans le sens horizontal.

Les plumes de la queue forment une sorte de gouvernail qui permet à l'oiseau de changer la direction de son mouvement.

Fig. 46. — Organes intérieurs d'un oiseau (poule) : œ, œsophage; j, jabot; g, gésier; f, foie; i, intestin.

64. Organes intérieurs. — Si vous voyez vider un poulet, vous reconnaîtrez (*fig.* 46) qu'il a dans la poitrine un cœur et des poumons, et dans le ventre, un *foie*, des *intestins* et un *estomac* plus compliqué que celui de l'homme.

Les graines que mange l'animal séjournent quelque temps dans le *jabot* et s'y ramollissent. Elles passent ensuite dans un second estomac appelé *gésier*, celui-ci est entouré d'un muscle puissant qui, en se contractant, broie les graines. C'est pour faciliter cette opération que l'oiseau avale des grains de sable. Les oiseaux qui se nourrissent de chair n'ont pas de gésier musculeux.

QUESTIONNAIRE

Caractères qui distinguent un oiseau d'un mammifère (62).
Quelle est la forme de la tête? — de la poitrine? — des membres antérieurs? — des membres postérieurs?
Comment l'oiseau se soutient-il dans l'air (63)?
Comment sont faites les ailes de l'oiseau (65)?
A quoi servent les plumes de la queue?
Comment est fait l'estomac d'un coq (64)?

65. Plumes. — Les plumes se forment, comme les poils, dans la peau. Les plumes des ailes et de la queue sont longues, leurs barbes se tiennent accrochées les unes aux autres. Elles se couvrent mutuellement et donnent à l'aile une grande surface, beaucoup de légèreté et en même temps assez de résistance pour soutenir le corps de l'oiseau pendant le vol.

66. Œuf. — L'oiseau naît d'un œuf que la femelle pond et couve. On distingue facilement dans un œuf de poule (*fig.* 47) la coquille pierreuse, qui renferme le *blanc* de l'œuf et le *jaune*. C'est sur celui-ci que se trouve une petite tache blanche qui est le *germe* du poulet.

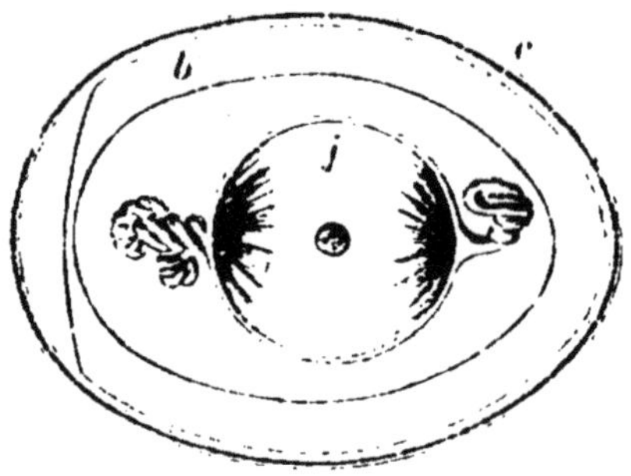

Fig. 47. — Œuf frais de la poule : *c*, coquille; *b*, blanc; *j*, jaune. La tache noire indique la place du germe.

La poule couve ses œufs vingt et un jours. Elle les maintient ainsi à la température de son corps. Au bout de ce temps, le poulet est formé et perce sa coque. Le blanc et le jaune, première nourriture du germe sont devenus, par une suite d'opérations aussi mystérieuses qu'admirables, des os, du sang, des muscles; en un mot, un petit oiseau chétif encore, mais bien vivant.

67. Nids. L'instinct pousse le mâle et la femelle à construire au printemps, un nid qui doit renfermer les œufs d'abord, et puis les petits. Ils déploient dans ce travail une grande industrie. Nos oiseaux recueillent dans la campagne de petites branches d'arbres, de la mousse, du crin, de la laine, et ils font avec ces éléments de petites merveilles. Ces oiseaux nous rendent de grands services en chassant les insectes pour nourrir leurs petits. Il ne faut donc pas détruire leurs nids ni leurs œufs. C'est un amusement barbare.

Les petits naissent souvent dépourvus de plumes. La mère

les réchauffe, tandis que le mâle se met en chasse pour rapporter des insectes ou des grains. Plus tard, les parents apprennent à leurs petits à voler. L'instinct de la mère est admirable tant que ses petits ont besoin d'elle. Plus tard cet instinct cesse complètement et ils lui deviennent indifférents.

68. Migrations. — Un autre instinct pousse certaines espèces à changer de pays à l'approche de l'hiver. Les *cailles*, les *bécasses*, les *oies*, les *cigognes*, sont des oiseaux voyageurs. Ces migrations se font souvent par troupes nombreuses. Les *hirondelles* nous arrivent au printemps, et nous quittent à l'automne; elles volent vers le midi. Certains groupes gagnent l'Afrique, en franchissant la Méditerranée; il leur faut parfois attendre en Provence un vent favorable pour faire cette longue traversée.

On a réparti les oiseaux en plusieurs groupes que nous indiquerons rapidement.

69. Rapaces diurnes. — Aigle. — Les rapaces sont des *oiseaux de proie* qui ne se nourrissent que de chair. On les appelle *diurnes* s'ils chassent pendant le jour. Tel est l'*aigle* (*fig.* 48). Il est armé pour l'attaque. Son bec fort, crochu, terminé par une pointe acérée lui sert à tuer sa proie. Ses pattes sont robustes et couvertes de plumes jusqu'aux doigts; ceux-ci se terminent par des ongles recourbés en griffes très aiguës. Sa force est redoutable, ses grandes ailes lui permettent de voler très haut. L'œil est si bien conformé que l'oiseau voit du haut des airs un petit animal, un rat, une caille qui court dans un sillon.

La *buse*, l'*épervier* sont les oiseaux de proie de nos pays.

QUESTIONNAIRE

Quelles sont les diverses parties de l'œuf? — A quoi sert le blanc de l'œuf? — Où se trouve le germe (66)?

Nommez les oiseaux que vous connaissez qui changent de pays à l'automne (68).

Nommez-en d'autres qui n'émigrent pas.

Qu'est-ce qu'un rapace diurne (69)?

70. *Vautour.* — L'aigle se nourrit de chair vivante, le vautour se repaît de cadavres. Il sert comme le chacal,

Fig. 48. — Aigle royal (*rapace diurne*). Longueur : 1 mètre.

comme les insectes, à faire disparaître les corps des animaux morts qui, en se décomposant, altéreraient la pureté de l'air et pourraient faire naître des épidémies.

71. Rapaces nocturnes. — *Hibou.* — Les hiboux sont des oiseaux de proie nocturnes, leur bec crochu, leurs deux gros yeux dirigés en avant, les plumes qui se dressent en oreilles sur les côtés de la tête leur donnent une physionomie singulière. Ils volent sans bruit pour surprendre les rats, les mulots qui nous causent tant de dégâts dans les maisons et dans les champs. A ce titre, ce sont des animaux utiles.

Fig. 49. — Chat-huant ou chouette des bois (*rapace nocturne*). Longueur : 0m,30.

Leur cri est monotone et lugubre. Le grand hibou ou *grand duc* chasse aussi le lapin, la perdrix.

Les *chouettes* n'ont pas d'aigrettes sur la tête (*fig.* 49).

Tous ces oiseaux ne chassent que la nuit ; la lumière du jour les éblouit.

72. Grimpeurs. — Les oiseaux que l'on appelle *grimpeurs* se reconnaissent à ce que deux de leurs doigts sont dirigés en avant, deux en arrière, ce qui leur permet de saisir fortement les branches.

Fig. 50. — Pic épeiche (*grimpeur*). Longueur : 0m,25.

On trouve en France le *pic* (*fig.* 50). Il fait une chasse active aux insectes qui se logent dans le bois. Il fait, pour les découvrir, des trous dans les troncs d'arbre, avec son bec qui est fort et taillé en coin. Il saisit les insectes avec sa langue qui est longue et couverte d'une salive gluante.

Le *coucou* dont le chant annonce le printemps appartient au même groupe.

Il en est de même des *Perroquets* qui vivent dans les pays chauds ; leur plumage, très varié suivant les espèces, est richement coloré, leur bec est gros et recourbé. Ils portent les aliments à leur bec à l'aide d'une de leurs pattes, leur cri est désagréable ; certaines espèces imitent la voix de l'homme. Ce sont les plus intelligents des oiseaux.

73. Gallinacés. — Nos oiseaux de basse-cour appar-

QUESTIONNAIRE

A quels caractères reconnait-on que l'épervier est un rapace (69)?
A quoi servent les vautours (70)?
Pourquoi range-t-on la chouette dans les rapaces nocturnes (71)?
Caractères d'un oiseau grimpeur. — Nommez ceux que vous connaissez (72).

tiennent au groupe des *gallinacés*, ce qui veut dire ressemblant à une poule). Ils se nourrissent de graines, leur bec est court et bombé. Ils ont un doigt en arrière appelé *ergot* ou *éperon*.

74. Pigeons. — Les pigeons vivent par paire, font des nids et ont le vol rapide. Certaines espèces ont la remarquable faculté de revenir à leur colombier lorsqu'on les a transportées au loin. Un *pigeon messager*, qui a des petits, amené dans une cage de Bruxelles à Paris et lâché dans cette dernière ville, retourne à Bruxelles sans se tromper, pour retrouver sa nichée. Le *pigeon ramier*, la *tourterelle* sont des espèces de ce groupe.

Les autres gallinacés ont le vol lourd et ne font pas de nids ; ils pondent leurs œufs à terre. Leurs petits sont, au sortir de l'œuf, assez forts pour courir et chercher leur nourriture.

75. Oiseaux de basse-cour. — *Le coq*. — Le coq et la poule, originaires de l'Inde, sont acclimatés en Europe et réduits à la domesticité depuis des siècles. C'est l'espèce la plus utile tant par sa chair que par ses œufs.

Les jeunes poules pondent toute l'année, excepté de novembre à janvier. C'est l'époque de la *mue*. Pour elles comme pour tous les oiseaux, les plumes tombent, et sont remplacées par des plumes nouvelles.

76. Le dindon. — Le *dindon* (*fig.* 51) originaire de l'Amérique, est élevé pour sa chair qui est très estimée. Il fut importé en Angleterre en 1524. Le mâle a le bec recouvert d'un lambeau de peau rouge. Il peut relever les plumes de sa queue et fait la roue. Son cri est désagréable.

Le *paon* nous vient de l'Inde. Le mâle est splendide avec

QUESTIONNAIRE

Caractères des gallinacés. — Pouvez-vous indiquer les différences qui existent entre un pigeon ramier et une perdrix (74)?

Quels sont les gallinaces réduits à la domesticité (75)?

ses plumes d'un bleu foncé, l'aigrette qui couronne sa tête, et cette belle queue dont les longues plumes se relèvent lorsqu'il fait la roue. On élève encore la *pintade*.

Fig. 51. — Dindons mâle et femelle (*gallinacés*). Longueur : 1 mètre.

77. Gallinacés sauvages. — Le *faison* est non moins beau que le paon, il habite nos forêts. Les *perdrix* vivent dans nos champs. La *caille* s'y trouve pendant la belle saison. C'est un oiseau voyageur qui nous quitte aux approches de l'hiver. Citons encore les *colins* et les *coqs de bruyère*.

78. Échassiers. — Les *grues*, les *hérons*, la *cigogne* se font remarquer par la longueur de leurs pattes (*tarse*) et de leurs jambes en partie dénudées. Ces oiseaux semblent montés sur des échasses, ce qui leur est utile pour chasser dans les marécages. De là le nom d'*échassiers* qu'on leur a donné.

La *grue* (*fig.* 52) vit d'insectes et de graines ; le *héron*, de poisson ; la *cigogne* fait la chasse aux reptiles ; c'est un oiseau

QUESTIONNAIRE

Quels sont les gallinacés sauvages (77)?
Indiquer les caractères d'un échassier. — Nommez-en un (78).
Citez des échassiers qui ne volent pas ; — des échassiers qui volent ; — des échassiers à longues jambes ; des échassiers à jambes courtes.

voyageur. Il en est de même de la *bécasse,* oiseau recherché des chasseurs et reconnaissable à son bec long et effilé. Citons

Fig. 52. — Grue de Mantchourie (*échassier*). Longueur 1m,50.

encore l'*ibis* d'Egypte, le *râle*, la *poule d'eau.* Leurs jambes dénudées ne sont pas hautes et ils vivent de vers.

79. Autruche. — L'*autruche* se trouve en Afrique et en Amérique (*fig.* 53). C'est avec le *casoard* que l'on trouve en Australie, le plus gros des oiseaux. Sa taille dépasse deux mètres, il a comme la girafe, de longues pattes, un long cou, et la tête petite. Il est conformé pour courir et non pour voler. Les plumes molles de ses ailes et de sa queue sont fort recherchées pour la parure des dames. Son intelligence est très bornée, sa gloutonnerie est extrême, et il avale indifféremment toutes sortes d'objets. La femelle pond dans le sable 20 à 30 œufs de grande taille que la chaleur du soleil fait éclore.

80. Palmipèdes. — Les oiseaux aquatiques destinés à nager sur l'eau se reconnaissent à la forme de leurs pattes.

Tout le monde a vu une patte d'oie ou de canard. Les doigts

sont réunis par une peau, comme ceux du phoque ou de la grenouille, tous animaux nageurs. La patte devient alors une

Fig. 53. — Autruche (*échassier*). Longueur : 1m,50.

rame. On dit qu'elle est *palmée*. Ces oiseaux n'ont des mouvements faciles et gracieux que sur l'eau ; à terre, leur démarche est lourde.

Les *oies*, les *canards*, les *cygnes* (*fig.* 54) ont le bec corné. Ils sont réduits à la domesticité et vivent de graines. L'oie nous fournit sa chair et ses plumes. L'oie sauvage est un oiseau voyageur.

Il est d'autres palmipèdes qui habitent les bords de la mer et se nourrissent de poissons et de coquillages. Tels sont les *goelands* et les *mouettes* (*fig.* 55) communes sur nos côtes. Dans certains ilots déserts du Pérou leur nombre est im-

QUESTIONNAIRE

A quoi reconnait-on un palmipède? — En est-il qui soient rangés parmi les oiseaux domestiques (79)?

Quels palmipèdes trouve-t-on sur nos côtes? — dans les marais? — Qu'est-ce que le guano?

mense et, au bout des siècles, leurs excréments forment des bancs épais d'engrais que l'on importe en Europe sous le nom de *guano*.

Fig. 54. — Cygne à collier (*palmipède*). Longueur : 1m,50.

Les albatros, les frégates sont des palmipèdes *grands voiliers* que l'on rencontre parfois, sur mer, à une centaine de

Fig. 55. — Mouette à masque brun. Longueur : 0m,60.

lieues des côtes. Ils sont obligés de voler presque continuel-lement.

81. Passereaux. — Les *passereaux* forment le dernier groupe des oiseaux. Ils se nourrissent d'insectes, de graines, de fruits.

Les *corbeaux* se nourrissent de charognes, et causent des dommages aux cultivateurs au moment des semailles. C'est un oiseau nuisible. La *pie* (*fig.* 13) vole mal, marche en sautillant. Elle amasse pour l'hiver des provisions de toute sorte. Elle peut imiter la voix humaine.

Les *geais* et tous les petits oiseaux de notre pays sont des passereaux. Les dommages qu'il[illegible] ous causent, en pillant les semences et en mangeant le[illegible], sont bien compensés par les services qu'ils nous rend[illegible] ar la chasse qu'ils font aux insectes et aux chenilles. Les oiseaux chanteurs, le *rossignol*, la *fauvette*, le *serin*, sont de ce groupe. Il en est de même des *oiseaux-mouches*, remarquables par leur petite taille et par les splendides couleurs de leurs plumes.

QUESTIONNAIRE

Nommez les passereaux que vous connaissez (81).
Quels sont ceux qui sont nuisibles?
Quelles sont les espèces utiles?

RÉSUMÉ

Le squelette des oiseaux, bien que composé des mêmes pièces que celui des mammifères, a une forme spéciale; car ces animaux sont bipèdes et destinés à voler.

Ils se soutiennent dans l'air, et ils avancent en frappant fortement l'air avec leurs ailes, qui sont à la fois légères et résistantes, car elles sont formées par de longues plumes. Les plumes de la queue leur servent à se diriger.

Les oiseaux pondent des œufs qui, s'ils sont maintenus à une douce chaleur, donnent naissance à un petit oiseau. Beaucoup construisent des nids et apportent à leurs petits des graines ou des insectes.

Certaines espèces changent de pays avec les saisons, et font, par troupes, de longs voyages.

Rapaces. — Les rapaces *diurnes* cherchent leur nourriture pendant le jour. Tantôt c'est une proie vivante (*aigle*, *faucon*, *épervier*), tantôt un cadavre (*vautour*).

Les rapaces *nocturnes* chassent la nuit (*hibou*, *chouette*).

Ils ont tous le bec fort, crochu, terminé en une pointe acérée et des griffes à l'extrémité des doigts.

Grimpeurs. — Les grimpeurs ont deux doigts en avant, deux en arrière (*pic, coucou, perroquets*).

Echassiers. — Le bas des jambes est dépourvu de plumes. L'animal semble perché sur des échasses (*grue, héron, cigogne*).
L'autruche est un coureur rapide, mais ne peut voler.

Gallinacés. — Les *pigeons* volent bien et font des nids.
Les oiseaux de basse-cour volent mal et ne nichent pas (*coq, paon, dindon, faisan*).

Palmipèdes. — Les doigts sont réunis par une peau; la patte est une rame, l'oiseau nage bien. La plupart de ces oiseaux pris à l'état sauvage volent bien (*cygne, goëland*).

Passereaux. — Tous les oiseaux qui n'appartiennent pas aux groupes précédents sont des passereaux (le *moineau*, le *bouvreuil*, le *loriot*, le *geai*, l'*hirondelle*, etc.).

VIII. — CLASSE DES REPTILES

82. Caractères généraux. — Lorsque les reptiles se déplacent, le ventre frotte sur terre : certains d'entre eux n'ont pas de membres, ce qui est le cas des serpents; les autres ont des membres courts et dirigés transversalement à l'axe du corps, comme dans le lézard. On dit qu'ils *rampent*.
Les écailles dont le corps est couvert sont des replis de la peau du reptile et ne s'arrachent pas isolément. Les reptiles ont des dents, pointues comme des crocs de carnassiers; elles leur servent à retenir leur proie ou à la déchirer.
Le contact d'un reptile donne une sensation de froid. Ce sont des animaux dont le sang n'est guère plus chaud que l'air dans lequel ils vivent. Ils respirent par des poumons. Ils se reproduisent par des œufs. Ils nous sont plus nuisibles qu'utiles.

83. Tortues. — Les *tortues* sont de singuliers animaux (*fig.* 56), renfermés dans une enveloppe osseuse qui ne laisse apercevoir que la tête et les pattes. Cette *carapace* est formée par la peau qui s'ossifie et qui se soude aux os du squelette.

Elle est recouverte de grandes plaques cornées, appelées *écailles*. On trouve, dans le midi de la France, de petites tortues de terre ou d'eau douce.

Les grandes espèces vivent sur mer; leurs pattes sont palmées, et transformées en nageoires. Telle est la *tortue caret* que l'on chasse pour avoir son écaille. On en fait des peignes, des manches de canifs, etc. Certaines tortues de mer pèsent jusqu'à 400 kilogrammes.

Fig. 56. — Tortue de mer (*reptile à carapace*). Longueur : 1 à 2 mètres.

84. Crocodiles. — Ces animaux (*fig.* 57), sont redoutables par leur grande taille. Leurs mâchoires sont armées de dents coniques qui ne servent pas à broyer, ni à mâcher, mais à déchirer la chair. Leur cuirasse, ou carapace, formée encore de plaques osseuses soudées, est à l'épreuve de la balle. Leur taille varie de 6 à 8 mètres. On trouve les crocodiles dans les fleuves d'Afrique et aussi dans l'Inde, les *alligators* au Mexique.

Le *lézard* (*fig.* 14), dont le corps est couvert d'écailles, est un animal inoffensif. Il se nourrit d'insectes. Sa queue est très longue et très fragile. Elle repousse, si on la brise. On donne le nom de *sauriens* aux reptiles qui ont la même con-

QUESTIONNAIRE

Caractères généraux des reptiles.— Comment divise-t-on cette classe (82)?

Quelle différence existe-t-il entre la patte d'une tortue terrestre et celle d'une tortue de mer? — Caractères des tortues. — Par quoi la carapace est-elle formée (83)?

D'où retire-t-on l'*écaille* que l'on trouve dans le commerce?

Dans quels reptiles autres que la tortue trouve-t-on une carapace (84)?

formation générale. Exemple : le *caméléon*, reptile grimpeur qu'on trouve en Afrique.

Fig. 57. — Crocodile (*reptile à carapace*). Longueur variable jusqu'à 8 mètres.

85. Serpents. — Les *serpents* n'ont pas de membres. Leur squelette se réduit à une tête et à une longue file de vertèbres qui portent chacune une paire de côtes. Cette colonne vertébrale est facile à briser. Ces reptiles vivent de proie vivante. Leur bouche est armée de dents, pointues comme des canines.

86. Serpents venimeux. — Les *serpents venimeux* empoisonnent les animaux qu'ils mordent. Les régions tropicales sont riches en espèces venimeuses. La *cobra* des Indes, le *serpent à sonnettes* d'Amérique, sont des serpents dont la morsure détermine la mort en quelques minutes.

QUESTIONNAIRE

Quelle est la forme des dents d'un crocodile? — En quoi un crocodile diffère-t-il d'un lézard, abstraction faite de la taille? — Par quoi sont formées les écailles d'un lézard (84)?

Comment est constitué le squelette d'un serpent? — Comment divise-t-on les serpents (85)?

Que faut-il faire quand on est mordu par une vipère? — Peut-on distinguer, à la vue, une vipère d'une couleuvre (86)?

87. Vipère. — On ne connaît en France que les *vipères* qui soient venimeuses. La vipère atteint parfois la longueur

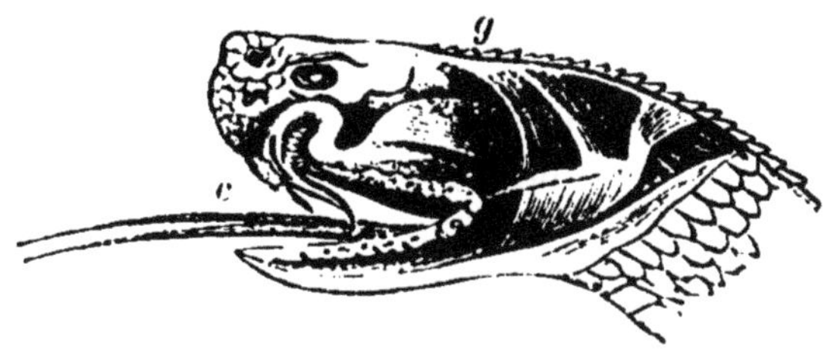

Fig. 58. — Tête de vipère coupée dans le sens de la longueur pour voir la glande du venin *g* et les crochets *c*.

d'un mètre. Elle se cache dans les broussailles et chasse les mulots, les taupes, les grenouilles qu'elle tue avec son venin. Sa morsure est mortelle pour les enfants.

Elle a la langue fourchue et la mâchoire garnie de dents pointues; mais, en avant, se trouvent deux longues dents ou crochets qui sont, à l'état de repos, couchés le long du palais (*fig.* 58). Lorsque l'animal veut mordre, ces crochets se relèvent. Elles sont creusées d'un petit canal qui aboutit à une *glande;* on appelle ainsi l'organe où se forme le venin. Au moment de la morsure, les muscles de la mâchoire pressent sur cette glande, ils font sortir le venin qui traverse les dents, et pénètre dans la blessure qu'elles ont faite.

Fig. 59. — Boa tête de chien (*reptile à écailles*); peut atteindre 10 mètres.

Si on a été mordu par une vipère, il faut faire saigner la plaie, la sucer pour en extraire le venin, la laver avec de l'*acide phénique,* ou la cautériser avec un fer rouge. Si on brise les crochets d'une vipère, sa morsure devient inoffensive, mais pour un certain temps seulement; car les crochets repoussent.

88. Serpents non venimeux. — La *couleuvre* se nourrit d'insectes, de limaces, de mulots et de grenouilles. Elle est inoffensive. Sa queue est plus effilée que celle de la vipère. Sa tête est couverte de plaques assez larges, tandis que celle de la vipère est couverte de petites écailles.

Les espèces non venimeuses redeviennent redoutables dans les pays chauds, par leurs grandes tailles. Les *pythons* de l'Inde, les *boas* d'Amérique (*fig.* 59) atteignent 8 à 10 mètres de long. Ils sont assez forts pour tuer un cerf, un bœuf, en s'enroulant autour de lui. Leurs anneaux brisent les os et réduisent le corps en une espèce de pâte que le serpent avale. Il tombe ensuite en une espèce de sommeil ou de léthargie qui dure autant que la digestion.

CLASSE DES BATRACIENS

89. La *grenouille*, que nous prenons pour type des *batraciens*, a la peau dépourvue d'écailles, ce qui la distingue déjà des reptiles. Elle respire comme eux par des poumons et elle a le sang froid.

Mais ce qui fait qu'on ne peut la ranger dans le groupe des lézards, c'est qu'elle subit des transformations remarquables avant d'atteindre la forme qu'elle aura à l'état adulte.

Fig. 60. — Têtard âgé de quelques jours. — Les petits filets que l'on voit sous la tête sont les *branchies*, organes de respiration.

Ses œufs sont entourés d'une espèce de gelée et s'attachent aux plantes aquatiques. Il en sort un *têtard* qui a un corps arrondi, terminé par une longue queue; on dirait un poisson. Il n'a pas de membres; il ne respire pas l'air par des poumons, mais par des *branchies*, organes que nous retrouverons dans les poissons (*fig.* 60). Il vit toujours dans l'eau. Plus tard, les pattes apparaissent et grandissent : d'abord celles de derrière, puis celles de devant ((*fig.* 61).

Les poumons se développent; à une certaine époque, le têtard sort la tête de l'eau et avale une bulle d'air qui entre dans les poumons. Il respire, à ce moment, à la fois par ses poumons et par ses branchies. Il n'est plus poisson, il n'est pas encore grenouille. Encore un peu de temps, la queue, les branchies disparaissent; l'animal, qui était herbivore, se nourrit d'insectes et on a une petite grenouille (*fig.* 15).

Fig. 61. — Têtard sans branchies et avec des pattes.

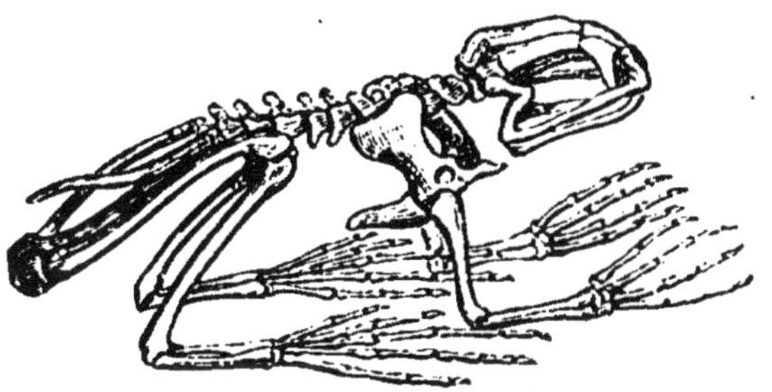

Fig. 62. — Squelette de grenouille (*batracien*).

Le squelette de la grenouille (*fig.* 62) reste toujours incomplet et il n'a jamais de côtes. Pour respirer, l'animal est obligé d'avaler l'air, comme nous avalons un liquide. Il serait asphyxié, si on lui maintenait la bouche ouverte.

La grenouille est un animal *sauteur*, c'est pourquoi les membres postérieurs sont très longs. Elle doit en outre nager; ses longs doigts sont réunis par une peau, la patte est palmée, comme celle d'un canard.

Le *crapaud* a la forme générale de la grenouille. Son corps est couvert de pustules pleins d'un liquide venimeux. Il faut éviter de le toucher, mais il ne faut pas le tuer pour cela. On en fait un certain commerce. Les jardiniers l'achètent et le mettent dans leurs jardins qu'ils purgent de limaces.

On trouve dans les eaux stagnantes un animal qui a la peau nue et la forme du lézard; on l'appelle vulgairement un *sourd*. C'est un *triton* ou une *salamandre*, deux espèces de batraciens.

QUESTIONNAIRE

Indiquez les métamorphoses du têtard (89).

A quoi reconnait-on que la grenouille est faite pour sauter et pour nager? Comment respire-t-elle ?

Quels sont les os qui manquent dans le squelette de la grenouille?

A quoi sert le crapaud? — est-il utile de le tuer? — est-il prudent de le manier?

RÉSUMÉ

Reptiles à carapace. — La carapace qui enveloppe le corps de certains reptiles est formée de pièces osseuses soudées ensemble.

Les *tortues* ont quatre membres, une tête, à bec corné, et une carapace. On connaît des tortues de terre; d'autres vivent dans l'eau douce ou sur mer; leurs pattes sont alors palmées.

Les *crocodiles* ont une carapace, quatre membres; leurs mâchoires sont hérissées de dents. Ils vivent cachés dans les plantes aquatiques des fleuves ou des marais, et se nourrissent de proie vivante.

Reptiles à écailles. — Les *lézards* ont des membres, le corps est couvert d'écailles formées par les replis de la peau. Ils sont inoffensifs.

Serpents. — Les *serpents* n'ont pas de membres. Ils avancent en rampant. Leur corps se recourbe horizontalement de droite à gauche et réciproquement.

Les serpents venimeux (*vipère*) ont dans la bouche des crochets venimeux avec lesquels ils mordent, et qui versent dans la plaie un poison qui donne la mort.

Les serpents non venimeux (*couleuvre, boa*) ne sont redoutables que s'ils sont de grande taille. Ils étouffent leur proie en s'enroulant autour d'elle et la serrant dans leurs anneaux.

Les *batraciens* (*grenouille, salamandre*) diffèrent des reptiles par leur peau et par les métamorphoses qu'ils subissent après leur naissance.

Le *têtard* vit dans l'eau comme un poisson, il n'a pas de membres. Peu à peu, il se transforme en grenouille qui vit dans l'air et qui a quatre pattes.

La grenouille est un animal amphibie; *sauteur*, quand il est à terre; bon *nageur*, quand il est dans l'eau.

IX. — CLASSE DES POISSONS

90. Les poissons vivent exclusivement dans l'eau; non pas comme les tortues, les canards, les cétacés, qui ne peuvent plonger longtemps sans être asphyxiés; non pas comme la grenouille qui n'est poisson que pour un temps. Les poissons passent leur existence dans une masse d'eau. Ce n'est qu'accidentellement, pour un temps très court, qu'ils pénètrent dans l'air.

Malgré la variété de formes que présentent les innombrables habitants des mers, il est certains caractères généraux qui leur conviennent à tous.

Fig. 63. — La perche de rivière.

91. Caractères généraux. — Nous prendrons pour exemple la *perche* de nos rivières (*fig.* 63). Son corps aplati, sa tête effilée en pointe lui permettent de fendre l'eau, sans éprouver une trop grande résistance. Sa queue également effilée se termine par une large nageoire verticale avec laquelle elle frappe l'eau à droite et à gauche, comme le fait le marin qui *godille* à l'arrière d'une barque.

Ce mouvement fait avancer le poisson. D'autres nageoires,

placées près de la tête, représentent les membres antérieurs; d'autres sont sous le ventre ou sur le dos, et l'animal s'en sert pour se diriger.

Elles sont toutes formées par une peau soutenue de distance en distance par de petits os qui, dans la perche, sont piquants.

Il suffit d'avoir mangé une sardine pour savoir que les poissons ont un squelette, et avoir senti les arêtes qui sont des os.

La peau est recouverte d'écailles qui ne se tiennent pas les unes aux autres et qu'on enlève en *éjardant* le poisson.

92. Organes intérieurs. — Regardez un poisson dans l'eau; la bouche est toujours en mouvement; il avale sans

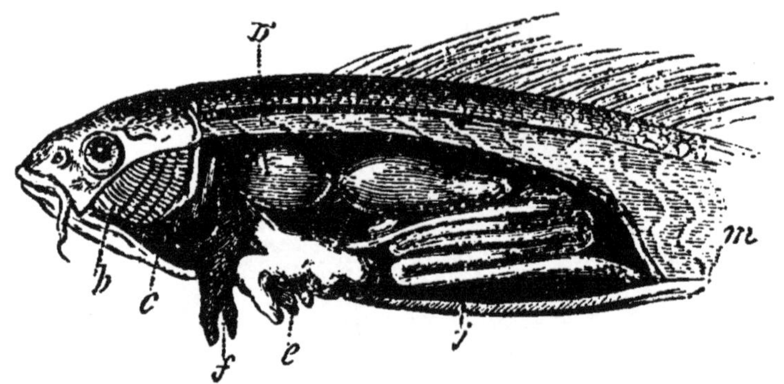

Fig. 64. — Organes intérieurs du poisson : *b*, branchies; *c*, cœur; *e*, estomac; *f*, foie; *j*, intestin; D, vessie natatoire; *m*, muscles ou chair.

cesse de l'eau. Elle ne va pas dans son estomac; elle sort par deux larges fentes appelées les *ouïes* et que l'on voit sur les côtés de la tête (*fig.* 64).

QUESTIONNAIRE

Donner les caractères généraux des poissons. — Montrer que le corps est bien approprié à la nage (92).

Quelle différence faites-vous entre les écailles d'un poisson et celles d'un serpent?

Qu'appelle-t-on les ouïes? — Qu'est-ce qui recouvre les branchies? — Quelle est la place et la forme des branchies (92)?

Les plaques osseuses qu'elles séparent de la tête sont les *opercules*. Enlevez-les, vous verrez des lames de peau rouges, taillées en arc de cercle et dont les bords sont découpés en dents de peigne; ce sont les *branchies*, organe respiratoire des poissons.

Les poissons respirent l'air comme les mammifères et les oiseaux, mais ils le trouvent dans l'eau où il est dissous, et il suffit que les branchies soient plongées dans l'eau *aérée*, pour que l'air passe de l'eau dans le sang. Si on fait bouillir de l'eau, on en chasse l'air. Met-on un poisson dans cette eau bouillie, froide, l'animal meurt asphyxié.

Le poisson meurt promptement hors de l'eau, parce que les feuillets des branchies se recouvrent et ne sont plus en contact avec l'air ; elles se dessèchent rapidement.

Le poisson a des dents pointues servant à retenir la proie.

Le tube digestif est encore composé d'un œsophage, d'un estomac et d'un intestin dans lequel le foie verse la bile.

Les poissons ont un cœur, plus simple que celui de l'homme. Il ne sert qu'à lancer le sang veineux dans les branchies, et il est l'analogue du *cœur droit* de l'homme. Le cœur gauche n'existe pas dans ce groupe.

La vessie natatoire, qui manque chez certains poissons, est pleine d'air. Elle sert à la respiration. De plus, elle donne au corps une légèreté relative qui permet au poisson de se maintenir entre deux eaux. Elle lui permet aussi de monter et de descendre.

La femelle pond des œufs en nombre immense. On l'estime à soixante mille pour le hareng.

93. Poissons de rivière. — Nous citerons, parmi les poissons d'eau douce, le *brochet* dont la taille varie entre $0^{m},30$

QUESTIONNAIRE

A quoi servent les branchies, et quel est dans l'homme l'organe qui leur correspond? Pourquoi un poisson meurt-il dans l'air (92)?

Qu'est-ce que la vessie natatoire? — à quoi sert-elle?

Quels sont les poissons que l'on peut trouver dans un étang?

Quels poissons ne sont pêchés que dans les rivières qui débouchent dans la mer (93)?

et $0^{m},75$. Très vorace, il avale toute espèce de poisson, des rats d'eau, etc., et dépeuple promptement un vivier. La *perche* (*fig.* 63) vit de poissons et est très vorace. La *carpe* (*fig.* 16), se nourrit d'œufs de poissons, d'insectes, d'herbes. Elle vit fort longtemps, et atteint une longueur de près d'un mètre.

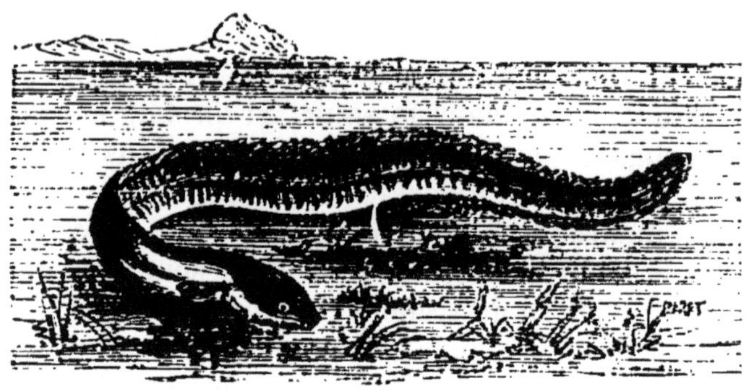

Fig. 65. — L'anguille.

L'*anguille* (*fig.* 65), a un corps cylindrique allongé qui la fait ressembler à un serpent. Elle n'a qu'une seule paire de nageoires latérales. La peau est grasse et glissante; la tête est étroite et effilée. Elle se tient au fond de l'eau et n'a pas de vessie natatoire. Elle se nourrit de vers et de petits poissons. L'anguille peut vivre quelque temps hors de l'eau, et il n'est pas rare de la trouver sur les prairies marécageuses.

Les *aloses*, les *saumons* que l'on pêche dans les fleuves sont des poissons de mer qui remontent les cours d'eau pour y pondre leurs œufs. Les petits poissons redescendent à la mer après l'éclosion.

Les *goujons*, les *ablettes*, les *brêmes*, les *tanches*, les *truites*, sont des poissons d'eau douce.

91. Poissons de mer. — Nous ne citerons que quelques espèces utiles que l'on pêche dans la mer.

Le *thon* est un poisson dont la taille dépasse 2 mètres; et le poids, 500 kilogrammes. Sa chair se conserve dans le sel ou dans l'huile. On le pêche surtout dans la Méditerranée.

95. La *morue* (*fig.* 66) se nourrit de poissons et de coquillages. Sa fécondité est prodigieuse. La femelle pond *quatre millions* d'œufs. Sa pêche se fait dans les environs de Terre-Neuve, mais on trouve également ce poisson dans la mer du Nord, à l'entrée de la Manche.

Fig. 66. — La morue.

On le pêche avec de très longues lignes; car il se tient à 140 mètres de profondeur. Comme il voyage par troupes nombreuses et que sa voracité est extrême, la pêche est souvent très abondante.

La morue se conserve dans des tonneaux entre deux couches de sel (*morue verte*), ou bien desséchée au soleil (*morue sèche*).

La pêche de la morue fournit plus de 25 millions de kilogrammes de poissons.

96. Le *hareng* (*fig.* 67), la *sardine*, habitent les mers polaires; ils descendent en bandes nombreuses, dans nos mers, pour y déposer leurs œufs et forment des bancs qui ont plusieurs lieues de long. On pêche le hareng dans la mer du Nord et dans la Manche.

Les pêcheurs jettent à la mer des filets qui ont un kilomètre de long. Les mailles sont assez larges pour que la tête du poisson s'y engage; le corps ne peut les traverser, et

QUESTIONNAIRE

Où pêche-t-on la morue; comment se fait cette pêche (95)?
Comment conserve-t-on ce poisson?

l'animal ne peut se dégager. Pour le prendre, l'on n'a qu'à retirer le filet quand il en est chargé.

Fig. 67. — Le hareng.

Le hareng se mange frais, mais il se corrompt vite. On le conserve dans le sel; ou bien on le dessèche dans la fumée de bois vert (*hareng saur*).

97. La *sardine* (*fig.* 68) se pêche sur les côtes de Bretagne avec des filets analogues à ceux du hareng. On la mange fraîche, ou bien on la conserve dans le sel.

Fig. 68. — La sardine.

Il existe sur nos côtes, de Nantes à Brest, un grand nombre d'établissements où on frit dans l'huile la sardine dont on a enlevé la tête et les intestins. On l'enferme ensuite dans des boîtes de fer-blanc hermétiquement closes.

Citons parmi les poissons que l'on trouve dans une poissonnerie les *maquereaux*, les *mulets*, les *congres* qui ont la forme de l'anguille; les poissons plats : *soles, plies, turbots.*

98. La *raie* est un poisson plat qui atteint d'assez grandes dimensions. Ses os ne sont pas encroûtés par des substances pierreuses comme ceux de l'homme; ils restent flexibles comme ceux d'un enfant naissant.

Fig. 69. — Le chien de mer.

Parmi les poissons qui ont, comme la raie, un squelette à demi osseux nous citerons le *chien de mer* (*fig.* 69), que l'on trouve sur nos côtes; sa peau est rude et sert à polir le bois. Sa forme générale est celle du *requin*.

99. Requin. — Le *requin* atteint une longueur de 9 à 10 mètres. Ce monstre a une bouche largement fendue : l'ouverture a plus d'un mètre, quand les mâchoires sont écartées autant que possible. Elles sont hérissées de dents nombreuses pointues et tranchantes. Il peut couper d'un seul coup la cuisse d'un homme.

Sa taille, son audace, sa voracité et sa force prodigieuse font de ce poisson l'effroi des navigateurs qui le retrouvent dans toutes les mers.

QUESTIONNAIRE

Comment pêche-t-on le hareng et comment le conserve-t-on (96) ?
Mêmes questions pour la sardine (97).
Quelle est la particularité que présente le squelette de la raie ou du requin (98) ?

RÉSUMÉ

Les poissons vivent dans l'eau. Ils ont la peau couverte d'écailles. Ils avancent en frappant l'eau avec la large nageoire de la queue. Les autres nageoires, disposées sur les côtés, sur le ventre ou sur le dos leur servent à se maintenir en équilibre, ou à changer de direction.

Ils respirent à l'aide de *branchies* placées de chaque côté de la tête et baignées par l'eau que l'animal avale sans cesse.

Ils ne peuvent vivre que dans l'eau *aérée,* c'est-à-dire, tenant de l'air en dissolution.

Ils sont en général très voraces; leurs dents aiguës ne servent qu'à retenir leur proie. Elle passe sans être mâchée dans l'estomac où elle est digérée.

Les poissons (*carpe*) qui peuvent monter ou descendre dans l'eau sans faire de mouvements apparents ont, dans le ventre, une vessie pleine d'air (*vessie natatoire*). On ne la retrouve pas dans les poissons qui se tiennent au fond de l'eau (*anguille*).

Les poissons se reproduisent par des œufs très petits et nombreux qu'on appelle le *frai.* Beaucoup de ces œufs, beaucoup de petits poissons sont mangés par d'autres animaux avant d'arriver à l'état adulte.

Certaines espèces ne vivent que dans l'eau douce (*brochet, carpe*). D'autres ne vivent que dans les mers (*morue, turbot, raie*). D'autres encore sont marins, mais viennent *frayer* dans l'eau douce des fleuves et des rivières (*alose, saumon*).

Certains poissons vivent dans les mers froides qui avoisinent les pôles. Ils descendent par *bandes* dans les mers plus chaudes pour frayer. C'est alors qu'on les pêche (*morue, hareng, sardine*).

Il y a des poissons qui n'ont pas d'os proprement dits (*la raie, le requin*).

Les poissons de proie se nourrissent de poissons vivants; tels sont : le *brochet,* la *perche* dans nos rivières; le *requin,* la *raie* dans les mers. D'autres espèces se nourrissent de vers, de coquillages ou d'herbes.

X. — EMBRANCHEMENT DES ARTICULÉS

Nous ferons deux groupes des animaux *articulés.* Le premier renferme ceux qui ont des membres ; le second sont les *vers* qui n'en ont pas.

100. Articulés proprement dits. — Le corps de ces animaux est formé d'*articles* ou anneaux qui se succèdent et se meuvent les uns sur les autres. Ils ont des pattes composées d'articles qui tournent autour de leur articulation comme le font les os de nos membres. Les organes sont distribués par paires de part et d'autre de l'axe du corps.

Cet embranchement se divise en quatre classes faciles à reconnaître :

1° Les *insectes* (le hanneton, la fourmi) (*fig*. 80), ont trois paires de pattes, le corps est partagé en trois parties : la *tête*, le *corselet*, le *ventre*.

2° Les *myriapodes* (le mille-pattes) ont une tête et un corps composé d'une vingtaine d'anneaux, portant chacun une paire de pattes.

3° Les *arachnides* (l'araignée) (*fig*. 82) ont quatre paires de pattes ; le corps est composé de deux parties. La tête et le corselet se sont soudés et forment la première, le ventre constitue la seconde.

4° Les *crustacés* (l'écrevisse) (*fig*. 84) ont cinq ou sept paires de pattes ; la tête est encore soudée au corselet ; et un ventre ou *queue* forme un tronçon distinct du premier.

CLASSE DES INSECTES.

101. Caractères généraux. — Regardez un *papillon*, une *mouche*, un *faux-bourdon* (*fig*. 70). Vous voyez distinctement les trois parties du corps.

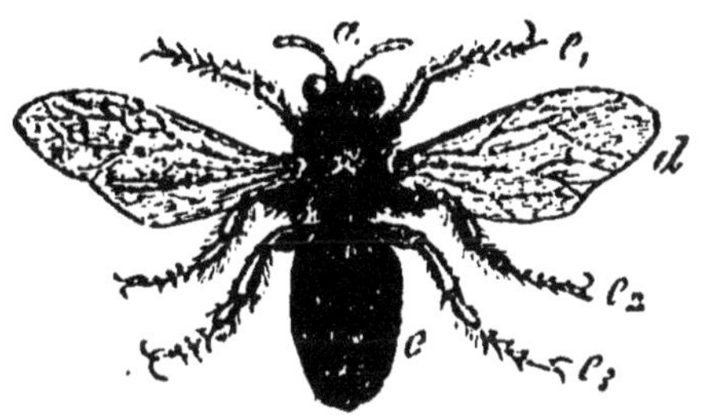

Fig. 70. — Le faux-bourdon (*hyménoptère*) : *a*, antennes et tête ; *b*, corselet ; *c*, ventre ; *d*, ailes au nombre de quatre, e1, e2, e3, trois paires de pattes.

1° La *tête a* porte la bouche, deux gros yeux ; elle est surmontée de deux filets appelés *antennes* ; l'animal s'en sert pour toucher les objets qui sont devant lui.

Les insectes qui se nourrissent de liquides (*papillon*, *abeille*,

QUESTIONNAIRE.

Rappelez les caractères des *articulés* (100).

Comment les divise-t-on ?

Quelle est la différence qui existe entre un insecte et une araignée ? — un myriapode et un ver ? — une araignée et un crabe ?

Donnez les caractères généraux des insectes (101).

punaise), ont une trompe pour les sucer. Ceux qui se nourrissent de fruits ou de chair (*hanneton, carabe, sauterelle*), ont des mandibules, espèces de ciseaux qui leur permettent de couper leurs aliments.

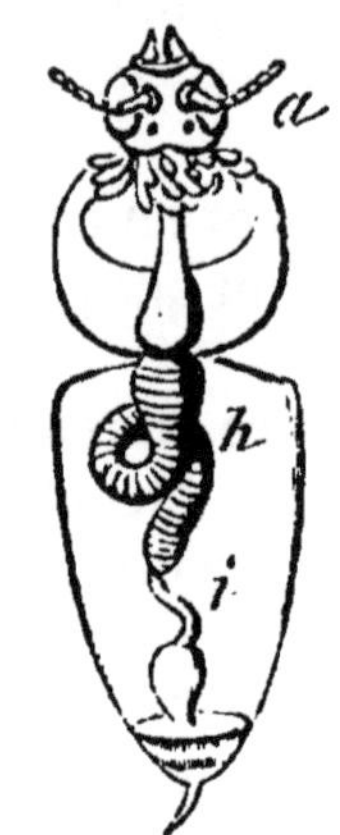

Fig. 71. — Appareil digestif de l'abeille (*hyménoptère*) : *a*, tête, au-dessous on voit les glandes de la salive ; *h*, estomac ; *i*, intestin.

2° Le *corselet b* porte trois paires de pattes formées d'articles nombreux; et souvent, une ou deux paires d'ailes (une dans la mouche, deux dans le hanneton ou le papillon; les puces n'en ont pas).

3° Le *ventre e* est formé d'anneaux distincts. Parfois, il se termine par un aiguillon venimeux (*guêpe, abeille*), ou par une tarière qui sert à la femelle à percer des trous pour y déposer les œufs (*sauterelle*).

Les insectes ont des nerfs, leur sang est blanc. Ils respirent parce que l'air circule dans tout leur corps. Ils ont un estomac, un intestin, comme on peut le voir (*fig.* 71), et qui leur sert à digérer leurs aliments.

Ce qui rend cette classe d'animaux très intéressante, c'est la succession de formes différentes qu'ils prennent à partir de leur naissance, jusqu'à ce qu'ils soient insectes parfaits. Ce sont des animaux à *métamorphoses*.

102. Métamorphoses de la mouche. — Une grosse mouche d'un bleu foncé D (*fig.* 72) s'arrête sur un morceau de viande. Après son départ, on trouve parfois sur celui-ci un amas de petits œufs blancs qu'elle a pondus.

Peu après, les œufs éclosent; il en sort de petits vers *blancs* A, appelés *asticots*, dont le corps sans pattes est divisé par anneaux. Ils *grouillent* dans la viande dont ils se nourrissent,

QUESTIONNAIRE

Quelle est la forme et le nom de la larve de la mouche (102) ?
Quelle f[illegible]me intermédiaire prend-elle avant de devenir insecte parfait ?
Combien celui-ci a-t-il d'ailes ?

et hâtent sa putréfaction. Ce sont les *larves* de la mouche.

Le ver a grossi. Il se ramasse en boule ; sa peau devient dure et forme une coque qui l'enveloppe. Il est à l'état de *nymphe* B. Il subit alors une transformation complète et c'est une mouche C qui sort de cette coque. Son corps est divisé en trois parties, elle a six pattes, deux ailes, d'abord trop délicates pour le soutenir. Peu à peu elles se dessèchent, et la jeune mouche D s'envole.

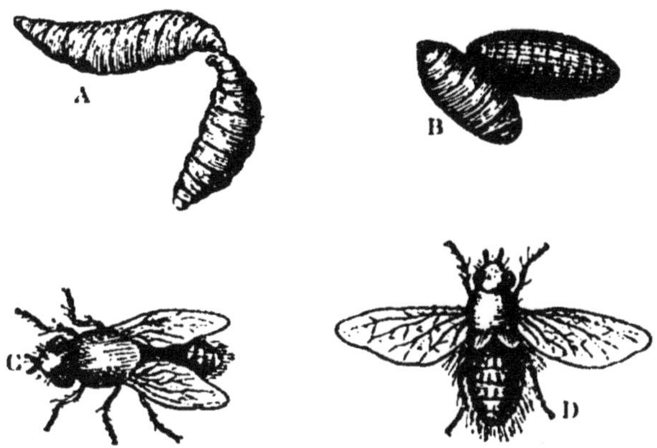

Fig. 72. — Métamorphoses de la mouche à viande (*diptère*) : A, *asticots* ou larves ; B, nymphe ; C, mouche naissante ; D, mouche adulte.

Bien des insectes à deux ailes (*diptères*) subissent les mêmes métamorphoses. Nous citerons les *taons* dont la piqûre fatigue les chevaux, et les *cousins* qui nous piquent la nuit pour sucer notre sang ; leurs larves vivent dans l'eau.

103. Métamorphoses du ver à soie. — Le ver qui file la soie est la larve d'un papillon. Les enfants connaissent bien la *graine* de ver à soie : ce sont les œufs ; ils éclosent au printemps quand la chaleur nous arrive, et il en sort un petit ver qui a deux millimètres et demi de long.

On le nourrit avec la feuille du mûrier blanc ; l'élevage du ver à soie est dans le midi de la France une grande industrie. L'animal reste à l'état de larve pendant trente-quatre jours. Il grossit rapidement et change quatre fois de peau. Il cesse de manger à l'approche de chaque mue ; celle-ci accomplie, sa faim redouble. Sa bouche est armée de mandibules avec lesquelles il coupe la feuille (*fig.* 73).

Fig. 73. — Ver à soie sur une feuille de mûrier. — Le corps de cette chenille est formé de neuf anneaux. Remarquez les cinq paires de *fausses-pattes* situées au-dessous du corps. Les vraies pattes du papillon se formeront à la place des petits mamelons qui avoisinent la tête.

Lorsque la chenille a atteint sa plus grande longueur, 8 centimètres environ, elle cesse de manger et grimpe sur de petits fagots qu'on a mis à sa portée (*fig.* 74). Il sort de sa bouche un fil de soie qu'il fixe aux rameaux ; le ver tourne continuellement sur lui-même et finit par disparaître dans l'enveloppe formée par l'agglomération des couches de fil. Le *cocon* qui a la forme d'un œuf est achevé au bout de trois ou quatre jours. Le fil que le ver a produit a une longueur de trois cents mètres.

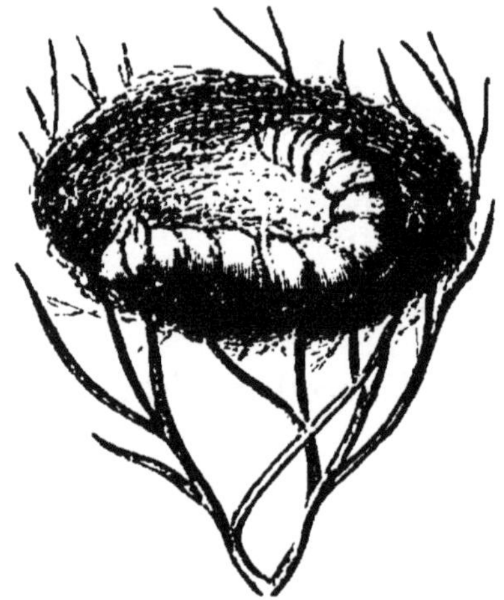

Fig. 74. — Ver à soie filant son cocon.

Le ver, ainsi enfermé, se transforme en une *chrysalide* qui ressemble à un petit œuf brun, effilé d'un côté et divisé par anneaux (*fig.* 75).

QUESTIONNAIRE

Qu'est-ce que la graine de vers à soie (103) ?
A quelle époque a-t-on des vers à soie ; quelle est leur nourriture ?
A quel moment file-t-il la soie ? Que renferme un *cocon ?* Qu'en sort-il ?
Quelles sont les larves des papillons ; en quoi sont-elles nuisibles ?

Le papillon (*fig.* 76) est formé au bout de huit à vingt jours. Il perce le cocon et s'échappe. Les mandibules de sa bouche sont remplacées par une trompe, il a des antennes,

Fig. 75. — Chrysalide.

Fig. 76. — Papillon du ver à soie (*lépidoptère*).

six pattes et deux paires d'ailes. L'insecte vit une vingtaine de jours; sa femelle pond cinq cents œufs environ, et puis elle meurt.

Tous les papillons subissent des métamorphoses analogues; leurs larves sont les *chenilles* qui ont des pattes très courtes. Elles nous causent de grands dommages en rongeant les feuilles des arbres. Leurs ailes sont recouvertes d'écailles colorées, et rien n'égale la richesse des couleurs qu'elles présentent, surtout dans les espèces qui vivent dans les pays chauds et qui volent le jour.

Les *papillons de nuit* (*le sphinx, le grand paon*) ont des couleurs plus ternes. C'est parmi eux que l'on trouve les plus grands papillons de nos pays.

Un des plus petits, qui voltige le soir autour des flammes, a pour larves les *teignes*. Elles se logent dans les étoffes de laine, les pelleteries et les coupent. On les éloigne en mettant dans les armoires du poivre, du tabac, de l'acide phénique. On appelle les papillons des *lépidoptères* (ailes brillantes).

101. Abeilles. — Les abeilles vivent en société. Ce sont encore des insectes qui sucent avec une trompe le suc des fleurs. Elles ont deux paires d'ailes membraneuses. Les guêpes, les fourmis, les bourdons, forment avec elles le groupe des *hyménoptères* (ailes membraneuses).

Nous ne pouvons parler comme nous le voudrions de ce qui se passe dans une ruche. Un essaim se compose de 20 à 30,000 abeilles. Une seule femelle est féconde; c'est la *reine*, les autres sont les *ouvrières;* on compte en outre de 500 à 3,000 mâles ou *faux bourdons* (*fig.* 70).

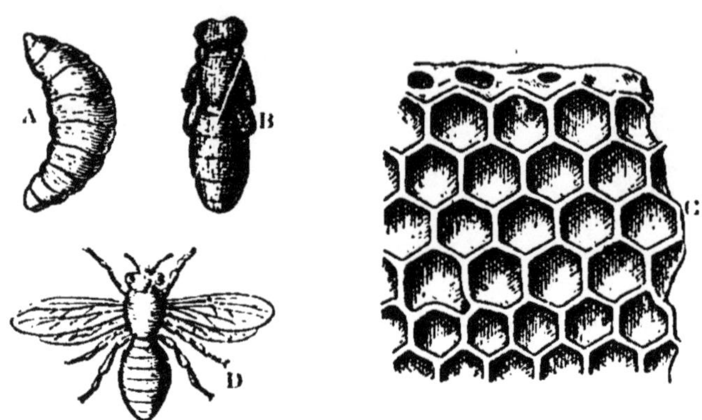

Fig. 77. — Métamorphoses de l'abeille. — A, larve; B, chrysalide ou nymphe; D, abeille ouvrière; C, cellules de cire.

Les ouvrières (*fig.* 77, D) vont butiner de fleur en fleur le pollen et les liquides sucrés qui s'y trouvent. D'autres s'occupent des travaux intérieurs de la ruche. Elles construisent avec de la cire des cloisons de cellules régulières à six pans C; elles les remplissent de miel. Certaines de ces cellules reçoivent un œuf, et il s'y développe une larve A qui devient abeille. L'une d'elles, plus grande que les autres, est le berceau d'une femelle féconde destinée à être la reine du jeune essaim.

Les larves passent par l'état de nymphe B, puis deviennent insectes parfaits D. Comme il ne peut y avoir deux reines dans la même ruche, l'essaim se partage en deux : l'un reste dans la ruche, et l'autre va chercher fortune ailleurs.

QUESTIONNAIRE

Quelle est la forme extérieure d'une abeille (104)?
Quelle est la composition d'un essaim ?
Où trouve-t-on le miel dans une ruche; à quoi sert-il ?
Quelles sont les métamorphoses de l'abeille ?

L'abeille est l'insecte le plus utile à l'homme. C'est lui qui nous donne la cire et le miel.

105. Nous sommes forcés de passer rapidement sur les autres groupes d'insectes, malgré l'intérêt qu'ils présentent. Les *demoiselles* qui volent sur les bords des ruisseaux ont

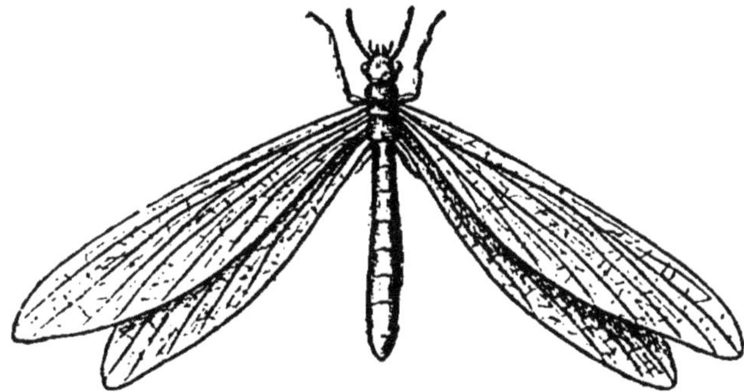

Fig. 78. — Fourmilion (*névroptère*).

quatre ailes membraneuses qui ressemblent à une dentelle, tant les nervures en sont délicatement entrecroisées. On donne à ces insectes le nom de *névroptères* (ailes à nervures) (*fig.* 78). Leur bouche est garnie de mandibules.

106. Les *sauterelles* (*fig.* 79) conservent leurs ailes droites sur le dos, à l'état de repos. Ce sont des *orthoptères* (ailes droites). Les sauterelles ont les pattes postérieures très lon-

Fig. 79. — Sauterelle (*orthoptère*). — B, larve, elle n'a pas d'ailes; E, sauterelle adulte.

gues, ce qui leur permet de sauter. Certaines espèces voyagent par bandes, et détruisent les récoltes qu'elles rongent avec leurs mandibules. Les sauterelles sont des insectes à *demi-métamorphoses*. La larve ne diffère de l'animal adulte que par l'absence des ailes.

107. Les *coléoptères* sont très nombreux et faciles à reconnaître. Ils ont deux ailes membraneuses, délicates, qui leur servent à voler, et deux autres qui sont immobiles pendant le vol, et qui recouvrent les premières lorsque l'animal ne vole pas. Ces ailes cornées, qui sont des organes de protection, sont nommées *élytres*. La bouche de ces insectes est armée de mandibules.

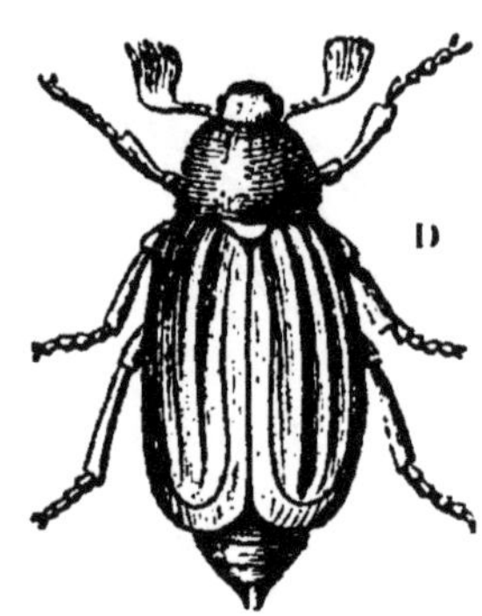

Fig. 80. — Hanneton (*coléoptère*). — A, larve ou ver blanc; D, insecte parfait.

On trouve là les *carabes* qui ne volent pas; le *cerf volant*, le plus grand de nos insectes; les *mouches d'or*, si communes dans les roses, la *coccinelle* ou bête à bon Dieu, le *hanneton* (*fig*. 80). Ce dernier pond ses œufs en terre et il en naît une larve, appelée *ver blanc* ou *turc*, qui coupe les racines et cause de grands dommages aux cultures. Elle vit sous terre pendant trois ans, passe à l'état de *nymphe;* puis, devient un insecte parfait. Celui-ci est encore un animal malfaisant; car, il se nourrit de feuilles et en dépouille les arbres.

108. Les *hémiptères* (ailes à demi membraneuses) ont les élytres en partie cornées, en partie membraneuses. On trouve dans ce groupe les *punaises*, le *puceron*, le *phylloxera*, tous insectes malfaisants.

Le *phylloxera* (*fig.* 81) est un puceron qui attaque les racines des vignes et les fait périr. Une grande partie des vignobles du midi sont complètement détruits par cet insecte.

Fig. 81. — Phylloxera ailé (*hémiptère*).

109. Enfin, les *aptères* (sans ailes) comprennent les insectes qui n'ont jamais d'ailes : les *puces* et les *poux* qui vivent en parasites sur l'homme et les animaux.

Nous ne nous occuperons pas des *myriapodes*. L'un d'eux, le *mille-pattes* se trouve souvent sous les pierres.

QUESTIONNAIRE

Donner les caractères extérieurs d'un insecte nevroptère (105). — D'une sauterelle (106).
Citez des coléoptères (107). — A quoi les reconnait-on ?
Quels sont les insectes *hémiptères* que vous connaissez (108) ?
Citez des insectes qui n'ont jamais d'ailes (109).

RÉSUMÉ

Les animaux dont le corps est formé d'anneaux sont les *articulés*.

Les *vers* n'ont pas de membres, les autres articulés en ont.

Ceux-ci se divisent en *insectes* qui ont trois paires de pattes et le corps formé de trois tronçons (la *fourmi*).

Les *myriapodes* ont une *vingtaine* de paires de pattes, une tête distincte et le reste du corps formé d'anneaux (le *mille-pattes*).

Les *arachnides* ont quatre paires de pattes et le corps partagé en deux parties (*l'araignée*).

Les *crustacés* ont cinq paires de pattes ou sept, et le corps formé de deux parties (le *crabe*).

Les *insectes* ont des *antennes* sur la tête, des yeux distincts; des *mandibules* autour de la bouche s'ils se nourrissent d'aliments solides; une *trompe*, s'ils sucent des liquides.

Le corselet porte les pattes et les ailes s'ils en ont.

Le ventre est composé d'anneaux. Il renferme l'estomac et les intestins.

Les insectes subissent des métamorphoses *complètes*, lorsqu'ils sortent de l'œuf à l'état de ver ou de chenille. Ils deviennent ensuite *nymphes* ou *chrysalides;* et dans cet état, ils se transforment en insectes parfaits (*mouches, papillons*).

La métamorphose est incomplète si la larve a la forme de l'insecte, mais n'est pas pourvu d'ailes (*sauterelle, punaise*).

Le *pou* ne subit pas de métamorphose.

L'insecte vole en agitant des ailes membraneuses, soutenues par des nervures solides qui remplacent ici les longs doigts de la chauve-souris.

Les *coléoptères* (hannetons) ont une paire d'ailes dures (*élytres*) qui recouvrent les véritables ailes. Celles-ci sont repliées sous les élytres.

Les *hémiptères* (punaise) ont une paire d'élytres en partie cornées, en partie membraneuses, et une autre paire servant au vol.

Les *orthoptères* (sauterelle) ont, à l'état de repos, les ailes couchées sur le dos, sans se replier.

Les *névroptères* (demoiselle) ont les nervures de leurs ailes disposées en réseau.

Les *hyménoptères* (abeille) ont les ailes membraneuses à nervures longitudinales.

Les *lépidoptères* (papillon) ont les ailes recouvertes d'écailles colorées.

Les *diptères* (mouche) n'ont que deux ailes membraneuses.

Les *aptères* (puce, pou) n'ont pas d'ailes.

XI. — CLASSE DES ARACHNIDES

110. Caractères généraux. — Les *araignées* ont donné leur nom à cette classe; elles diffèrent des insectes par la forme du corps qui n'a que deux tronçons au lieu de trois (*fig.* 82). La tête est soudée au corselet et ne porte pas d'antennes. Les ailes manquent également. L'araignée a huit pattes; et quand elle sort de l'œuf, elle ressemble à sa mère; elle ne subit donc pas de métamorphoses. Son sang est blanc. Les araignées sont carnassières, et la bouche est garnie de mandibules venimeuses avec lesquelles elles tuent les insectes dont elles se nourrissent.

Fig. 82.— Araignée épeire femelle (*arachnide*).

Certaines espèces produisent des fils; elles tissent leurs toiles avec une grande industrie. Cachée dans un coin ou immobile au centre de cette toile, l'araignée attend avec patience qu'une mouche vienne s'embarrasser dans les fils. Elle s'élance sur sa proie, l'entoure de nouveaux fils si elle est trop grosse, la tue et lui suce le sang.

Une autre espèce, l'*araignée maçonne*, se creuse un nid dans la terre, et le ferme avec un couvercle mobile dont la charnière est faite avec ses fils.

L'*araignée d'eau* tisse au fond de l'eau une petite cloche où elle s'établit pour guetter sa proie. Comme les araignées ne peuvent vivre que dans l'air, elle vient à la surface du liquide, et emporte sous son corps une bulle d'air qu'elle va porter dans sa cloche. Elle recommence ce manège jusqu'à ce que la cloche soit pleine de ce gaz.

Les *faucheurs* aux longues pattes; les *scorpions* que l'on trouve dans le midi sont des arachnides. Le scorpion a une longue queue annelée terminée par un aiguillon venimeux. La piqûre de certaines espèces est dangereuse.

Fig. 83. Animal de la gale (*arachnide*).

L'animal qui donne la *gale* est un arachnide (*fig.* 83). A peine visible, il se loge entre la chair et la peau; là il se multiplie, et toute la colonie vit aux dépens du malade qui souffre de démangeaisons insupportables. C'est un animal nocturne, et on gagne cette dégoûtante maladie, en couchant avec une personne qui en est atteinte.

CLASSE DES CRUSTACÉS

111. Caractères généraux. — Les *crustacés* sont des animaux qui respirent par des branchies; la plupart vivent dans la mer. Nous ne parlerons que du groupe qui a pour type l'*écrevisse* et qui renferme le *homard*, la *langouste*,

QUESTIONNAIRE

Quels sont les caractères communs aux araignées (110)?
Quelle est la nourriture des araignées?
Quelle est l'industrie de l'araignée maçonne? — de l'araignée d'eau?
Qu'est-ce que la gale?

les *crabes* et les *crevettes*. Ces animaux (*fig.* 84) ont une peau dure, encroûtée de matières pierreuses, qui enveloppe tout le corps et protège tous les organes. Cette peau donne au corps une forme précise, et joue le rôle d'un squelette dont les parties sont mises en mouvement par l'action des muscles qu'il enveloppe.

La tête est soudée au corselet, la queue est composée d'an-

Fig. 84. — Écrevisse des ruisseaux (*crustacé*).

neaux articulés. L'animal a des *antennes* et deux yeux portés sur un petit pied ; la bouche est garnie de mandibules propres à couper les aliments. Parfois comme dans l'écrevisse, le crabe, le homard, la première paire de pattes se développe beaucoup et forme des pinces puissantes. Les quatre autres paires servent à la marche.

L'écrevisse vit dans les ruisseaux, les autres dans la mer. Les *cloportes*, petits animaux grisâtres que l'on trouve sous les pierres, sont des crustacés.

SOUS-EMBRANCHEMENT DES VERS

112. Les vers sont des annelés qui n'ont pas de membres. Ils sont nombreux dans la mer. On trouve dans les jardins le *ver de terre*. Si on le coupe en deux, et que les deux tronçons soient enterrés, chacun d'eux se complète et reproduit le ver entier.

QUESTIONNAIRE

Quel est le mode de respiration des crustacés (111)?
Décrivez la forme d'une écrevisse ou d'un homard.

La *sangsue* (*fig.* 9) vit dans l'eau douce. Elle se nourrit du sang des animaux ; elle s'attache à leur peau et la perce avec les lames cornées et dentelées qui entourent sa bouche. L'une des espèces est employée en médecine pour sucer le sang des malades.

Les *vers intestinaux* vivent en parasites dans le corps de l'homme et des animaux ; certains de ces animaux éprouvent des métamorphoses.

113. Le *ténia* ou *ver solitaire* ressemble à un long ruban formé d'anneaux. Les premiers forment la tête qui se fixe à l'intestin ; les autres servent à la reproduction ; ils se détachent et sont rejetés avec les œufs. Si un mouton avale ces œufs, il en sort une larve qui perce l'intestin, chemine dans la chair, et arrive au cerveau, où elle reste enfermée dans une petite vessie pleine d'eau. Le mouton est alors malade, il tourne continuellement sur lui-même ; on dit qu'il a le *tournis*.

Que l'animal vienne à mourir, et que sa tête soit dévorée par un chien, la larve du ténia se développe dans les intestins du chien et celui-ci a le *ver solitaire*.

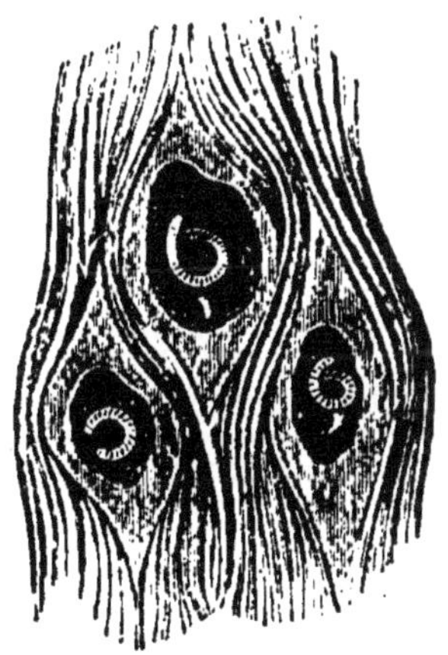

Fig. 85. — Trichines fortement grossies enfermées dans un muscle.

L'homme le gagne en mangeant du porc *ladre*. Cet animal est souvent rongé par des larves de ténias qui sont encore renfermées dans des vésicules d'eau. Elles ne peuvent se développer que si l'homme ou certains animaux, tels que le loup, le chien, les introduisent dans leur intestin. C'est pour cela que sur les marchés, des experts, appelés *langueyeurs*, examinent la langue des porcs pour voir s'ils sont sains.

114. La *trichine* est un autre parasite du porc (*fig.* 85). Ce ver a la forme d'une petite anguille. Il se loge dans la chair, enfermé dans une vésicule. Si un homme mange de la viande trichinée, le ver s'établit également dans ses muscles, et y cause de graves désordres. Il est prudent de s'abstenir de la chair de porc simplement fumée, et de ne la manger que si elle est complètement cuite.

QUESTIONNAIRE

Qu'est-ce qu'un ver? — Comparez-le à la larve d'une mouche; — à la chenille d'un papillon (112).

Où trouve-t-on la sangsue? — A quoi sert-elle?

Qu'est-ce qu'un ver intestinal (113)?

Quelles sont les métamorphoses du ver solitaire?

Qu'est-ce que la trichine? — Pourquoi la viande du porc est-elle parfois insalubre (114)?

RÉSUMÉ

Les *araignées* (arachnides) n'ont pas de métamorphoses. Leur corps est composé d'une tête soudée au corselet et d'un ventre distinct. Elles ont huit pattes; des yeux nombreux; des mandibules venimeuses autour de la bouche. Elles n'ont pas d'antennes. Elles respirent l'air le plus souvent par des poumons. Elles se nourrissent du sang des insectes qu'elles prennent dans leurs toiles.

L'animal de la *gale*, qui vit en parasite sous la peau de l'homme est un *arachnide*. Il en est de même du *scorpion*, dont la queue est terminée par un aiguillon venimeux.

Les *crustacés*, destinés à vivre sous l'eau, respirent par des *branchies*. Ils ont souvent le corps enveloppé d'une peau dure, pierreuse et des membres articulés.

L'*écrevisse* a cinq paires de pattes. La première forme les *pinces* avec lesquelles l'animal saisit sa proie. Il la découpe à l'aide des mandibules de sa bouche. Ses yeux sont portés sur un support articulé. La queue, formée d'anneaux et très mobile, lui sert à nager.

Le *crabe*, le *homard*, la *langouste*, la *crevette* sont des crustacés qui entrent dans notre alimentation.

Les *vers* sont des articulés qui n'ont pas de membres. Le corps est allongé comme celui du serpent. Exemple : le *ver de terre*.

La *sangsue* vit dans les marais et les ruisseaux. Elle perce la peau des animaux avec des espèces de petites scies qui entourent sa bouche, et elle leur suce le sang.

La plupart des vers habitent la mer.

Les *vers intestinaux* vivent, en parasites, dans les intestins ou la chair de l'homme et des animaux.

Certain d'entre eux, le *ver solitaire*, par exemple, subit des métamorphoses.

La *trichine* se trouve dans la chair du porc. Il ne faut pas manger de viande crue, surtout celle du porc; et il faut se défier des viandes fumées (saucissons et jambons).

XII. — EMBRANCHEMENT DES MOLLUSQUES

Il nous faudrait bien du temps et de l'espace pour étudier les *mollusques* ou coquillages qui sont extrêmement nombreux. Cependant nous serons très bref.

115. Caractères généraux. — Dans la plupart des mollusques, on ne sent plus la symétrie des organes par paires que l'on trouvait dans les deux premiers embranchements. L'animal se contourne en spirale (forme d'un ressort de montre) ou en hélice (comme le filet d'une tire-bouchon), ce que montre bien la forme de leur coquille.

Fig. 86. — Poulpe (*mollusque*) : *a*, l'animal entier; *b*, le bec corné.

La peau de l'animal est molle et ne présente pas de trace d'anneaux. Elle forme des replis qui enveloppent le mollusque comme dans un manteau, et dans lesquels se déposent des matières pierreuses. C'est ainsi que se forme la *coquille*, dont la forme et la couleur sont extrêmement variables.

Il y a très peu de mollusques terrestres, comme le *colimaçon;* quelques-uns vivent dans l'eau douce, le plus grand nombre dans la mer. Toutes les espèces aquatiques respirent par des branchies.

116. Poulpe. — Le *poulpe* appelée aussi *minard* ou *pieuvre* (*fig.* 86) se trouve sur nos côtes; c'est un mollusque sans coquille; sa tête est reconnaissable à deux gros yeux, et à huit bras ou *tentacules* qui entourent la bouche. L'animal se sert de ces bras musculeux, puissants, pour enlacer sa proie. Il la dévore à l'aide de son bec corné recourbé comme celui d'un perroquet.

Le poulpe est très vorace; il détruit beaucoup de poissons et de langoustes.

117. Colimaçon. — La *limace* (*fig.* 10) est encore un mollusque sans coquille. Elle n'est que trop commune dans nos jardins, ainsi que le *colimaçon* (*fig.* 87).

Ces deux mollusques ont une tête portant des tentacules qui leur servent à palper les objets. Deux d'entre eux sont terminés par des yeux.

L'animal se déplace en plissant sa peau. La partie antérieure se fixe au sol et attire à elle tout le corps. Puis, l'animal prend son point d'appui sur la partie postérieure et il porte, en se déplissant, la tête en avant.

Le colimaçon a une coquille faite d'une seule pièce.

QUESTIONNAIRE

Quels sont les mollusques que vous connaissez? — Où les trouve-t-on (115)?

Caractères généraux des mollusques. — Tous les mollusques ont-ils une coquille? — Ont-ils tous une tête distincte (116)? — Quels sont ceux qui n'en ont pas? — ceux qui en ont (118)?

Peut-on confondre une limace avec le ver blanc du hanneton (117)?

Comment se meut une limace? — Tous les mollusques peuvent-ils changer de place? — Citez des mollusques qui ne le peuvent pas.

D'autres, tels que le *bigorneau*, portent sur la tête un petit disque corné qui ferme la coquille lorsque l'animal y est rentré.

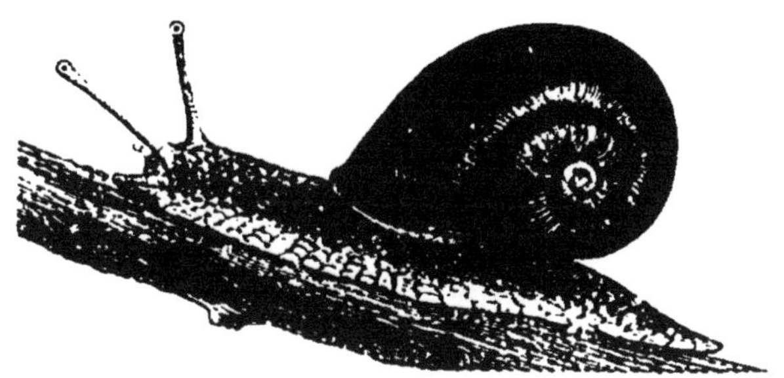

Fig. 87. — Colimaçon (*mollusque terrestre*).

118. Huître. — L'*huître* a une coquille composée de deux parties ou *valves*. Elle vit attachée par la coquille à des roches sous-marines. Sa fécondité est telle, qu'au bout de quelques années les roches sont recouvertes d'énormes *bancs* d'huîtres.

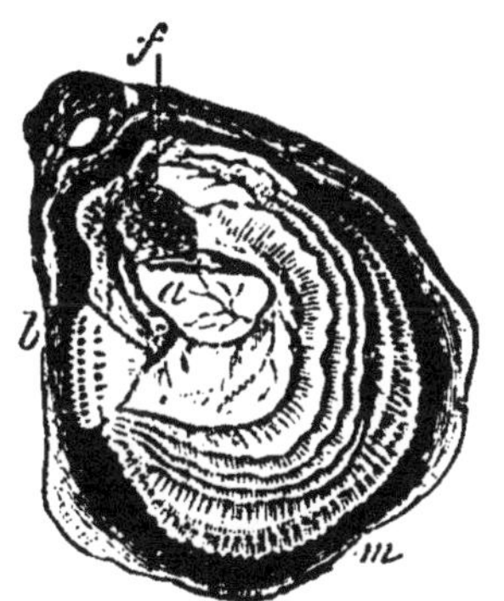

Fig. 88. — Huître (*mollusque*) : *b*, coquille ; *a*, muscle qui réunit les deux valves ; *f*, foie ; *m*, branchies.

Le seul mouvement de l'huître consiste à ouvrir et à fermer sa coquille. Les deux valves sont réunies par un muscle (*fig.* 88). On ne voit dans une huître ni tête ni yeux. La bouche est peu apparente et, comme dans la plupart des mollusques, l'extrémité de l'intestin s'ouvre dans le voisinage de la bouche. Les lamelles frangées que l'on voit autour de l'huître sont les branchies.

L'huître est un aliment agréable. Sa pêche se fait à l'aide de *dragues*, sortes de rateaux que l'on promène au fond de la mer. Ils détachent les huîtres du rocher et les font tomber dans un filet.

Les huîtres sont ensuite engraissées dans des réservoirs.

On trouve dans la mer des Indes de grandes huîtres qui nous fournissent la nacre et les perles.

La *moule* est encore un mollusque comestible que l'on élève sur les côtes. Il ne reste pas toujours attaché au rocher et peut se déplacer.

EMBRANCHEMENT DES RAYONNÉS

119. L'organisation des *rayonnés* se simplifie de plus en plus. La vie se réduit à la nutrition : l'animal se nourrit, grandit, meurt. Sa sensibilité s'émousse, ses mouvements sont peu variés, et on passe insensiblement de l'animal à la plante.

On trouve sur nos côtes les *étoiles de mer* (*fig.* 11), les *oursins* dont l'enveloppe pierreuse est hérissée de piquants.

Les *anémones de mer* sont fixées aux rochers, les tentacules qui entourent leur bouche leur donnent, lorsqu'elles s'étalent, l'apparence d'une fleur.

Fig. 89.— Branche de corail (*polypier*). — Agglomération de petits animaux ayant chacun l'aspect d'une fleur.

120. Polypiers. — Le *corail* (*fig.* 89) ressemble à une plante. On y voit des branches portant des boutons et des fleurs épanouies. Cette apparence est trompeuse. Les fleurs sont les animaux vivants qui étalent les tentacules dont la bouche est entourée. Si les tentacules se replient, l'animal ressemble à un bouton. Les générations se

QUESTIONNAIRE

Caractères des rayonnés. — Pourquoi les a-t-on appelés zoophytes ou animaux-plantes (119) ?

Quels sont les rayonnés qui ressemblent à une plante (120) ?

Par quoi sont formés les boutons, les fleurs, les rameaux du corail ?

succèdent et se reproduisent par œufs ou par bourgeons, comme le font les arbres. Les restes pierreux des générations éteintes forment les branches du corail. Ces branches sont recherchées pour leur belle couleur rouge. On les pêche sur les côtes de l'Algérie.

Le corail est un *polypier*. Ceux-ci se développent rapidement dans les eaux chaudes des mers tropicales. Leurs colonies forment des rochers immenses qui partent du fond de la mer et montent jusqu'à la surface. Ils forment des bas-fonds qui rendent dangereuse la navigation de ces mers. Parfois ces rochers s'élèvent au-dessus des basses marées et deviennent des îles.

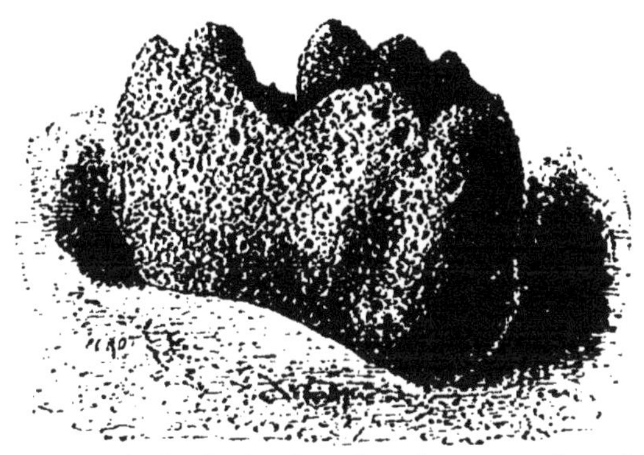

Fig. 90. — Éponge. — Agglomération de petits animaux sans forme bien distincte.

Les *éponges* (*fig.* 90) sont des agglomérations d'êtres vivants fixées aux rochers sous-marins. C'est le dernier degré de l'animalité. Les éponges dont nous nous servons sont formées de filaments entre-croisés, débarrassés de la matière animale qui les recouvrait.

121. Infusoires. Les *infusoires* (*fig.* 91) sont des animaux tellement petits, qu'il faut le microscope pour les

QUESTIONNAIRE

Qu'est-ce qu'une éponge? — Qu'appelle-t-on infusoires (121)? — Pourquoi ne les voit-on pas en regardant la goutte d'eau qui les contient? — Avec quel instrument peut-on les apercevoir?

apercevoir; si nombreux, qu'une goutte d'eau prise dans un fossé en renferme un nombre immense.

Fig. 91. — Animaux très petits qui vivent dans les eaux des mares et des fossés.

Il ne faut pas dédaigner ce monde d'infiniment petits. Il est bien autrement redoutable que le lion ou le requin. Les germes d'infusoires, introduits dans notre corps par les aliments ou par l'air qui nous les apporte, engendrent des maladies terribles. Le charbon, les dysenteries, les fièvres typhoïdes, le croup, sont vraisemblablement produits par des infusoires si petits et si nombreux que nous sommes désarmés contre eux.

RÉSUMÉ

L'embranchement des *mollusques* renferme tous les coquillages et certains animaux sans coquilles.

Le corps n'est plus symétrique par rapport à un axe rectiligne. Le corps se contourne en *spirale* ou en *hélice*.

La peau est molle, elle enveloppe le corps dans des replis qui forment la coquille en s'encroûtant de matières pierreuses.

Les mollusques sont terrestres (*escargot*) et respirent par des poumons; ou aquatiques, vivant dans l'eau douce (*moule des rivières*), ou dans la mer (*huître*) et ils respirent par des branchies. Le sang est incolore.

Quelques mollusques ont comme membres des bras ou tentacules *musculeux* qui leur servent à saisir (*poulpe*).

Certains ont une tête distincte et des yeux (*pieuvre, limace*), d'autres en sont dépourvus (*moule*).

Certains mollusques se déplacent sur terre (*escargot*) ou nagent (*poulpe*), d'autres restent fixés au rocher (*huîtres*).

Les uns se nourrissent de chair (*poulpe, bigorneau*), les autres de fruits et d'herbes (*limaces, escargots*).

Les coquilles peuvent être composées d'une seule pièce (*colimaçon*) ou de plusieurs (*huître, coquille Saint-Jacques*).

Beaucoup de mollusques sont comestibles (*escargot, huître*).

Rayonnés. — Les rayonnés ont parfois la forme d'une étoile ou d'une fleur. Ce sont des êtres qui tiennent souvent autant de la plante que de l'animal. Certains, comme le *corail*, se reproduisent par des œufs, et aussi par des bourgeons qui naissent sur le corps des parents. Il en est qui vivent isolés comme les *étoiles de mer, oursins, anémones de mer, méduses.*

D'autres vivent en groupes (*corail, polypiers*) qui grandissent par le développement de nouveaux bourgeons. La partie pierreuse de l'animal forme une espèce d'arbre et parfois de véritables rochers sous-marins ou des îles.

Les *infusoires* sont de très petits animaux qu'on ne voit qu'au microscope et qui se trouvent dans toutes les eaux stagnantes. Leur nombre est incalculable. On attribue à certains d'entre eux le développement de certaines maladies contagieuses.

ÉLÉMENTS DE BOTANIQUE

XIII. — DIFFÉRENTES PARTIES D'UNE PLANTE

La botanique doit être étudiée sur les plantes mêmes : ce qui est toujours possible.

L'élève doit donc chercher à vérifier lui-même tout ce qui est indiqué dans ces éléments.

Le maître doit profiter des promenades pour faire reconnaître à ses élèves les arbres et les principales plantes qui poussent naturellement dans les champs ou qui y sont cultivées.

122. Parties d'une plante. — Nous allons faire connaître les noms que les botanistes donnent aux diverses parties d'une plante. Nous prendrons pour exemple le *bouton d'or* que l'on trouve dans toutes les prairies (*fig.* 92).

En allant de bas en haut, on voit : la *racine r* qui fixait la plante au sol ; la *tige* verte *t* qui porte les *feuilles f*, et les *fleurs c, d.*

La fleur est formée d'un *calice c* composé de *cinq* petites feuilles vertes attachées au rameau.

A l'intérieur du calice est la *corolle d;* c'est un ensemble de cinq lamelles jaunes qu'on appelle des *pétales.*

Effeuillons la corolle (*fig.* 93, 1); il reste dans le calice un grand nombre de filets jaunes renflés à leur partie supérieure ; ce sont les *étamines.*

Enlevons-les ; on voit au centre de la fleur un amas de petits corps verts (*fig.* 93, 3), que les botanistes appellent le *pistil.* Si nous ouvrons un de ces petits corps appelés

QUESTIONNAIRE

Indiquer les différentes parties d'une plante (122).
Nommer les différentes parties de la fleur.
En quoi consiste la vie de la plante?
Où se trouvent les graines?
A quoi servent-elles?

ovaires (4) nous voyons qu'il est creusé d'une cavité dans laquelle se trouve un corps blanc, ayant la forme d'un petit œuf, et que l'on appelle un *ovule*.

Fig. 92. — Bouton d'or (Renoncule bulbeuse) : *r*, racine renflée en bulbe ; *t*, tige couverte de poils ; *f*, feuilles composées (celles qui avoisinent les fleurs sont plus simples); *c*, calice entourant un bouton ; *d*, corolle ; *e*, étamines.

Plus tard, le bouton d'or est défleuri; le calice, la corolle, les étamines se sont flétries; les ovaires ont grossi et ont pris une teinte brune; chacun d'eux est un *fruit* de la plante. Ouvrons-le, nous trouvons une *graine* qui le remplit en entier (5).

Le fruit se détache et tombe ; si les circonstances le favorisent, il est enfoui dans terre.

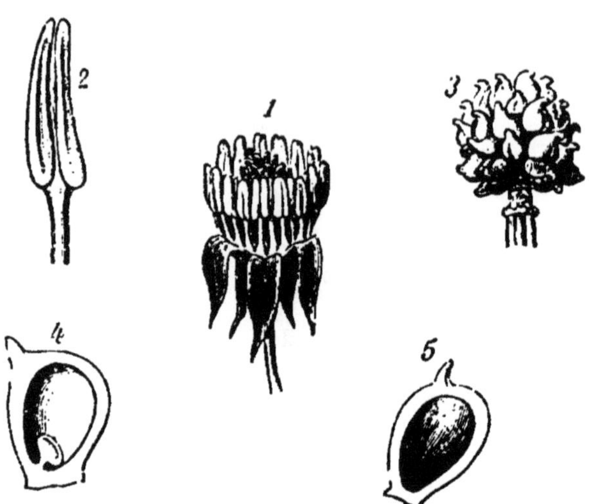

Fig. 93. — Fleur et fruit de la renoncule : 1, fleur dépouillée de sa corolle, on voit le calice, les étamines, le pistil ; 2. étamine grossie ; 3, ensemble des fruits ; 4, ovaire coupé creusé d'une loge dans laquelle est un ovule ; 5, fruit (on a enlevé une moitié de l'enveloppe, pour faire voir la graine).

Au printemps suivant, ou plus tôt, l'enveloppe du fruit se décompose ; la *graine*, seul reste de la fleur, se met à vivre ; elle *germe* ; et on voit naître un nouveau pied de bouton d'or.

Telle est, en général, la vie d'une plante. Elle naît d'une graine. Elle grandit, produit des feuilles, des fruits, des graines, puis elle meurt.

123. Organes qui nourrissent la plante. — Racines. — La racine, partie souterraine de la plante, ne sert pas seulement à la fixer au sol. C'est par elle que s'introduisent les liquides qui forment la *sève* et qui nourrissent le végétal.

La racine d'un arbre, comme le poirier, celle de la *giroflée* (*fig.* 94) ont un tronc principal ou pivot qui, comme la tige d'un arbre, se subdivise en rameaux, c'est une racine *rameuse*.

La racine d'une touffe d'herbe (*fig.* 95) est composée de

filaments qui ont tous à peu près la même grosseur, elle est *fibreuse* ou *fasciculée* (en faisceau).

L'eau qui doit nourrir la plante entre par les dernières ramifications des racines appelées *fibrilles*. Si elles sont desséchées, elles ne fonctionnent plus et la plante se flétrit.

Fig. 94. Racine rameuse pivotante de la giroflée (*crucifère*).

Fig. 95. Racine fibreuse ou fasciculée de l'herbe.

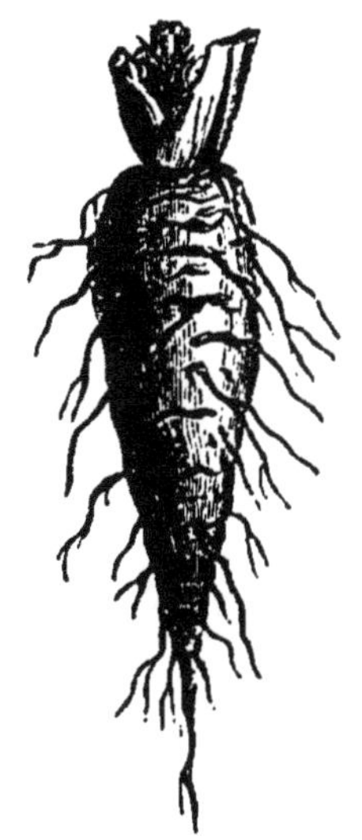

Fig. 96. — Racine charnue pivotante de la carotte (*ombellifère*).

Les racines ressemblent souvent au bois par leur dureté et leur constitution. D'autres fois, elles sont *charnues* et se coupent avec les dents, comme un fruit. Elles peuvent alors servir à notre alimentation. Telles sont les racines pivotantes et charnues de la *carotte* (*fig*. 96), du *navet*, du *radis*, etc.

121. Racines aériennes.— Certaines racines naissent de la portion de la tige qui est dans l'air, ou de ses branches.

QUESTIONNAIRE

A quoi servent les racines (123)?
Qu'est-ce qu'une racine pivotante? — rameuse? — charnue?
Qu'est-ce qu'une racine fibreuse?
Comment multiplie-t-on les fraisiers (124)? — Comment les géraniums (125)?

On les appelle racines *aériennes* (*fig.* 97). D'un fraisier partent des filets ou *coulants* terminés par un bouquet de

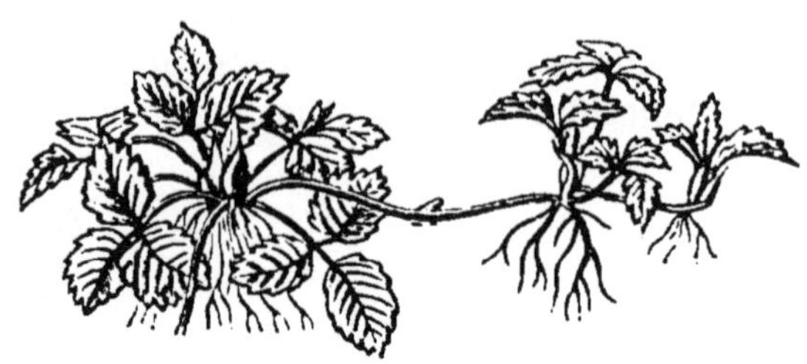

Fig. 97. — Racines aériennes du fraisier (*rosacée*). — A, plante mère; B, bouquet de feuilles reliées au fraisier par un *coulant*.

feuilles qui repose à terre. Au-dessous de ce bouquet naissent de petits mamelons roses qui pénètrent en terre et forment des racines.

On peut alors couper le coulant; le bouquet de feuilles est devenu un petit fraisier complet qui se développe, sans rien emprunter à la plante mère.

125. Boutures. — Les branches de certaines plantes (*rosiers*, *géraniums*), mises en terre, vivent et se développent, parce qu'il se forme des racines à leurs extrémités souterraines. Les jardiniers emploient ce moyen pour multiplier leurs plantes; ils en font des *boutures*.

126. Bourgeons. — Observez, en hiver, un rameau de poirier dépouillé de ses feuilles. Vous voyez de distance en distance de petits mamelons (*fig.* 98), à la place même qu'occupaient les feuilles qui sont tombées. Ce sont des *bourgeons*, ils se développent au printemps; les plus gros donnent un bouquet de fleurs; les plus petits, des feuilles et souvent un rameau.

Fig. 98. — Branche de poirier (*rosacée*) : *a*, bourgeon à fleurs; *b*, bourgeon à rameaux.

127. Tige. — La tige se reconnaît à ce que, seule, elle porte des bourgeons.

Certaines plantes ont des tiges qui ont la forme de feuilles; tels sont les *cactus*, dont les prétendues feuilles portent les bourgeons et les fleurs; tel est encore le *petit houx* des bois.

128. Tiges souterraines. — D'autres tiges ressemblent à des racines. Le *sceau de Salomon* (*fig.* 99), que l'on

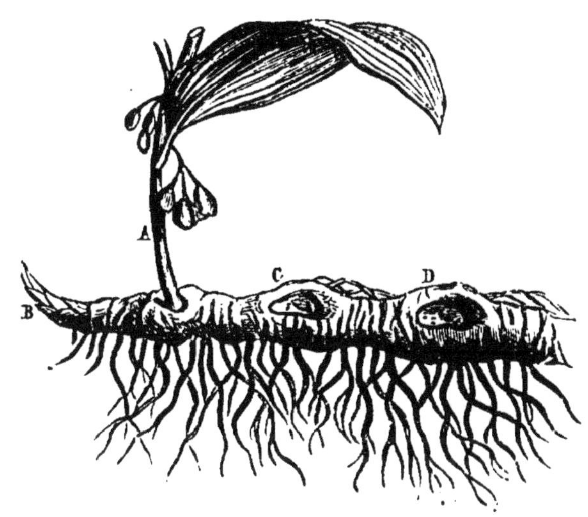

Fig. 99. — Tige souterraine du sceau de Salomon. — B, bourgeon terminal qui prolonge la tige; A, rameau qui sort de terre; C, traces laissées par les rameaux des années précédentes.

trouve dans les bois, a une tige qui reste sous terre tout en s'allongeant; elle porte des racines et des bourgeons, ceux-ci donnent naissance à des branches qui sortent de terre.

L'*iris*, la *fougère*, le *chiendent* ont des *tiges souterraines*.

QUESTIONNAIRE

Qu'est-ce qu'un bourgeon? — A quoi servent les bourgeons (126)?
Qu'est-ce qu'on appelle tige, en botanique (127)?
Pourquoi la pomme de terre est-elle une tige et non une racine?
Comment un botaniste appellerait-il les *racines* de chiendent (128)?
Quelle différence y a-t-il entre une tige et une racine?
Qu'est-ce qu'un arbrisseau (129)?

La *pomme de terre* est, pour un botaniste, une tige tuberculeuse, parce qu'elle porte des bourgeons qui se développent en rameaux.

129. Bulbe. — *L'oignon* ou *bulbe* (*fig.* 100) est une variété de tiges souterraines. Elle est courte et se termine en bas par des racines; en haut, par un bourgeon destiné à donner la tige qui porte les fleurs. Ce bourgeon est entouré de feuilles charnues qui s'emboîtent les unes dans les autres. Ce sont elles que nous mangeons. Il est des tiges qui, incapables de se porter, rampent à terre comme celle du fraisier; d'autres s'enroulent autour d'un piquet ou d'une corde comme celles du *volubilis* et du *chèvre-feuille;* ou s'accrochent à un mur par de petites racines aériennes comme le *lierre.*

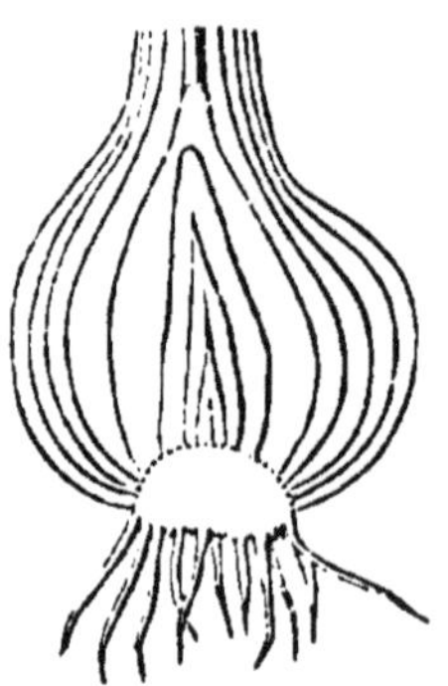

Fig. 100. — Oignon coupé longitudinalement (*liliacée*).

Un *arbrisseau* est composé d'un grand nombre de branches d'égales forces qui partent toutes du sol; nous en avons un exemple dans le *noisetier.*

Dans un *arbre,* il y a un tronc principal qui s'élève verticalement; il se divise en branches qui se divisent à leur tour en rameaux. Exemple, le *chêne.*

Les arbres qui ont un tronc, sans branches (*fig.* 101), sont plus rares. Tels sont cependant le *cocotier*, le *palmier*, arbres que l'on trouve dans les îles de l'Océanie ou en Afrique, et dont l'aspect est si différent des arbres de notre pays.

130. Structure de la tige. — Regardez un tronc de chêne ou une de ses grosses branches sciées transversalement (*fig.* 102). Vous distinguerez facilement le bois de l'écorce. Vous trouverez le bois formé de deux parties qui sont de couleurs différentes. L'une, extérieure, a une teinte claire, c'est l'*aubier;* l'autre est plus foncée et forme le *cœur du bois.*

L'un et l'autre sont formés de couches circulaires concentriques bien visibles. On a constaté qu'il se formait chaque année entre le bois et l'écorce une couche nouvelle de *fibres* du bois, enveloppant toutes les autres. C'est ainsi que l'arbre grossit; en sorte, que si on comptait le nombre de couches qui se trouvent entre l'écorce et le centre du tronc, on aurait l'âge de l'arbre.

Fig. 101. — Cocotier (*palmier*). — Le tronc ne porte qu'un bourgeon terminal entouré de feuilles.

Au centre de la tige se trouve la *moelle*; on ne la distingue pas bien dans un arbre un peu vieux; mais on la voit distinctement dans une branche de sureau, dans une jeune pousse de rosier. Elle est peu résistante, et gorgée de sucs.

Quelquefois elle ne se développe pas autant que la tige; celle-ci se creuse alors d'un canal. On trouve ces tiges creuses dans le *froment*, les *roseaux*, le *fenouil*.

131. L'*aubier* est formé de bois nouveau, il est moins dur et moins sec que le cœur du bois: les charpentiers, les menuisiers ne se servent que de ce dernier pour faire des charpentes ou des meubles de longue durée. Ils rejettent l'aubier qui est plus facilement attaqué par les insectes. C'est pour cela qu'ils n'emploient pas à des ouvrages durables les bois *blancs* (*tilleul*, *peuplier*), qui, par suite de la croissance rapide de l'arbre, ne sont que de l'aubier.

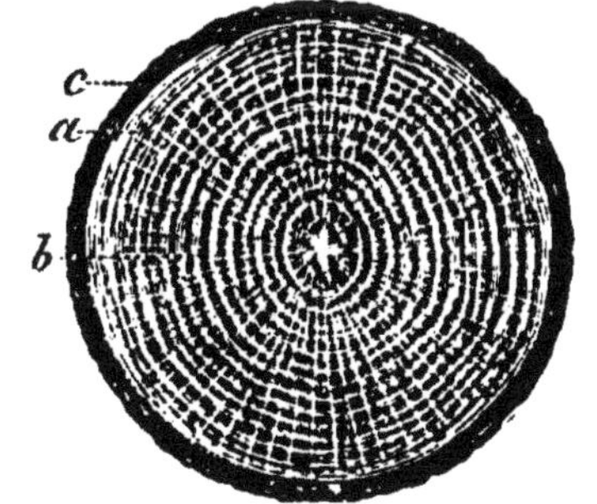

Fig. 102. — Tige de chêne (*amentacée*) coupée transversalement.

132. L'*écorce* est formée de plusieurs parties. L'une d'elles se développe beaucoup dans le *chêne-liège* et nous fournit le *liège* dont on fait les bouchons.

Une autre partie de l'écorce, la plus voisine du bois, est formée de fibres et nous est encore plus utile. Nous cultivons le *lin* et le *chanvre* pour avoir les fibres de l'écorce que l'industrie transforme en toiles ou en cordages.

Tout ce que nous venons de dire ne se rapporte qu'aux arbres de nos pays. La structure d'un tronc de palmier ou de fougère serait bien différente.

133. Les plantes *herbacées* (*trèfle, colza*) ont des tiges qui ressemblent aux très jeunes pousses d'un arbre. Elles doivent leur rigidité aux fibres *ligneuses* (fibres de bois) qui s'y trouvent disséminées dans la moelle. Celle-ci s'étend du centre de la tige jusqu'à l'écorce ; cette prédominance de la moelle sur les fibres fait que les tiges herbacées se coupent et se brisent facilement.

134. Feuilles. — Dans une feuille de poirier (*fig.* 103) on distingue : la lame verte, mince, large qui forme le *limbe* de la feuille ; la queue ou *pétiole* qui s'attache au rameau ; et à la base de celui-ci, deux petites feuilles appelées *stipules ;* ceux-ci n'existent pas dans toutes les feuilles (*le lin*). Le pétiole manque parfois (*œillet*), le limbe s'attache directement au rameau.

Des nervures, de la nature du bois, forment la charpente de la feuille. Entre ces nervures, qui parfois persistent seules quand la feuille s'est décomposée, se trouve le tissu vert de la feuille.

QUESTIONNAIRE

Quelle différence y a-t-il entre un palmier et un chêne (129)?
Quelles sont les différentes parties d'un tronc de chêne (130)?
Citez des arbustes, des herbes qui aient beaucoup de moelle.
Citez des tiges creuses.
Quelle est la partie la plus utile du tronc d'un noyer?
Qu'est-ce que le bois blanc (131)?
Quel est l'arbre qui fournit le liège? — Quelle place occupe-t-il dans cet arbre (132)?

135. La disposition des nervures règle la forme de la feuille.

Les feuilles allongées (*poirier, lin*) ont une grosse nervure qui prolonge le pétiole ; il s'en détache des nervures plus petites qui sont disposées comme les barbes d'une plume.

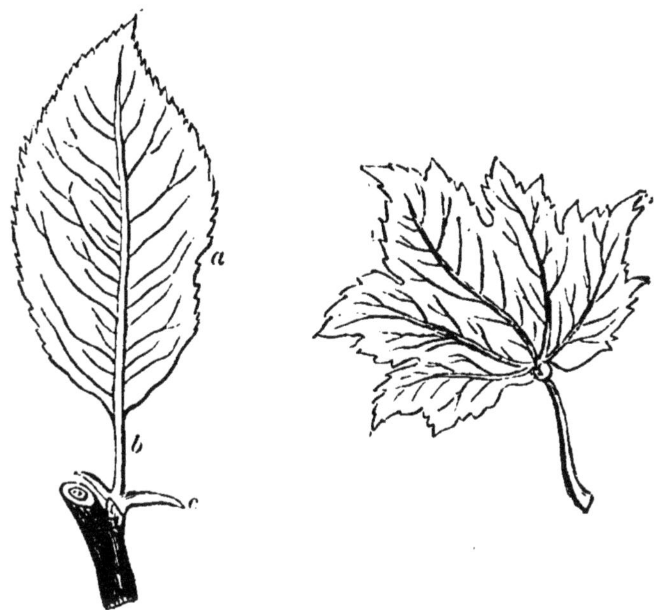

Fig. 103. — Feuille de poirier : *a*, limbe; *b*, pétiole ; *c*, stipules.

Fig. 104. — Feuilles d'érable. Nervures s'étalant comme les doigts d'un canard ; limbe déchiqueté sur ses bords.

Considérons les feuilles arrondies (*géranium*, *vigne*, *érable*) (*fig.* 104). Il part du pétiole quatre à cinq grosses nervures, à peu près d'égale force, qui s'étalent comme les doigts de la main, et qui se subdivisent en nervures plus petites disposées comme les barbes d'une plume.

Une feuille de *blé* ou de *roseau* a ses nervures parallèles et assez fines pour ne pas faire saillie sur le limbe.

136. La disposition des nervures ne suffit pas à expliquer l'extrême variété de formes des feuilles; il faut y joindre la manière dont le tissu vert s'arrange autour de ces nervures.

Vous trouverez des feuilles dont le contour forme une ligne continue comme dans le *lin* (*fig.* 106). Il est découpé en dents très fines dans le *poirier*. Les déchiquetures deviennent plus profondes dans l'*érable* et la *vigne;* elles atteignent la nervure du milieu dans le *pissenlit* et le *chardon* (*fig.* 134).

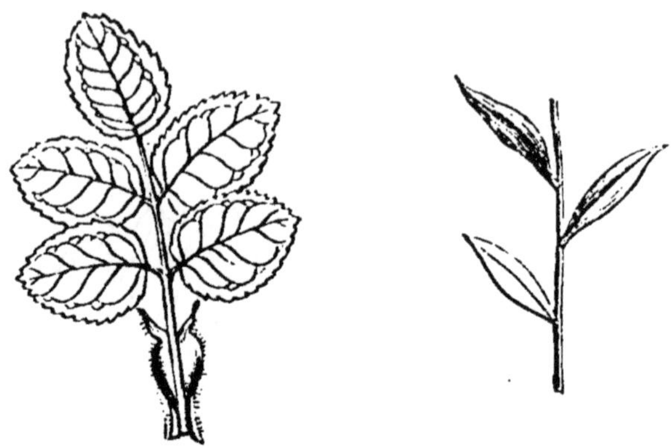

Fig. 105. — Feuilles composées du rosier. Fig. 106.— Feuilles entières, alternes du lin.

137. Enfin, la feuille se transforme en une sorte de rameau qui porte de petites feuilles ou *folioles* comme dans le *rosier* (*fig.* 105), dans le *fraisier* (*fig.* 97). Ces feuilles sont dites *composées.*

Supposez que chacune des folioles de la rose soit elle-même composée et se divise en folioles plus petites, la feuille sera plus compliquée. Vous en trouverez de telles dans la *carotte*, la *ciguë* (*fig.* 140).

QUESTIONNAIRE

D'où retire-t-on le lin et le chanvre dont on fait les toiles (132)?

Qu'est-ce qu'une tige herbacée (133)?

Nommer les diverses parties de la feuille. — Toutes les feuilles ont-elles un pétiole? — Par quoi est formée la charpente de la feuile (134)?

Quelle est la disposition des nervures dans le poirier? — Citez d'autres feuilles dans lesquelles cette disposition se retrouve. — Même question pour l'érable (135).

Citez des feuilles à nervures parallèles.

Citez des feuilles dont les bords sont entiers; — ou dentelés; ou déchiquetés profondément (136).

Citez des feuilles composées (137).

Pour savoir où commence la feuille, il faut chercher où se trouve le bourgeon qui est toujours à la base du pétiole, à l'endroit où la feuille sort du rameau.

138. Les bourgeons sont donc disposés sur la branche comme les feuilles qui les nourrissent.

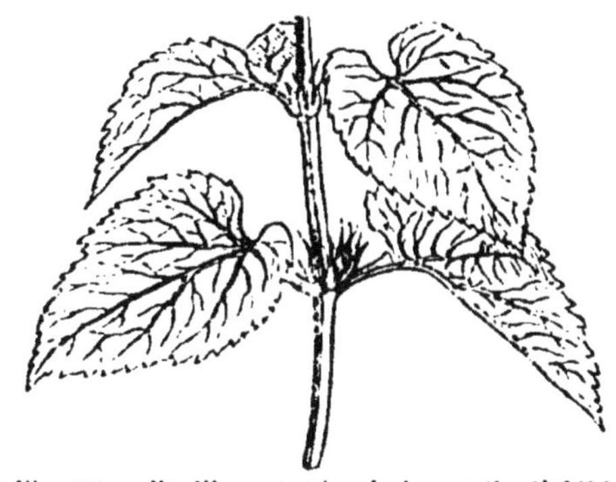

Fig. 107. — Feuilles opposées de la menthe (*labiée*).

Dans le *poirier*, le *chêne*, celles-ci naissent isolément à différentes hauteurs. On dit qu'elles sont *alternes*.

Dans la *menthe* (*fig.* 107), l'*œillet*, elles sont disposées deux par deux sur la tige. On les dit *opposées*.

Dans certaines plantes (le *gratteron*), quatre ou cinq feuilles entourent la tige à la même hauteur comme une collerette.

Les feuilles servent à nourrir les plantes, autant que les racines, quelquefois plus; la *joubarbe* qui vit sur les ardoises d'un toit, le *lierre* qui s'accroche aux murs par des *griffes* ne vivent que par leurs feuilles.

QUESTIONNAIRE

Qu'appelle-t-on feuilles alternes? — opposées? — Citez-en (138).
A quoi servent les feuilles?

RÉSUMÉ

Les diverses parties de la plante sont : la *racine* qui s'enfonce dans le sol; la *tige* qui porte les *feuilles* et les *fleurs*.

Les parties de la fleur sont, de dehors en dedans : le *calice*, la *corolle*, les *étamines*, le *pistil*.

Le pistil forme plus tard le *fruit* dans lequel sont les *graines*.

La graine mise en terre *germe* et reproduit la plante-mère.

Les racines sont *pivotantes* et *rameuses* quand elles se ramifient comme les branches d'un arbre. Les dernières ramifications ou *fibrilles* puisent dans le sol l'eau, la matière des engrais qui doivent former la *sève* et nourrir la plante.

Les racines *pivotantes et charnues* sont souvent comestibles (*radis*).

Les racines *fibreuses* sont formées de filets nombreux qui portent les fibrilles (*blé*).

Les racines *aériennes* sortent de certains points de la tige, surtout s'ils sont en contact avec une terre humide. Il se forme de telles racines dans les plantes qui *prennent de boutures* (*saule*).

La *tige* porte seule les *bourgeons*, qui donnent par leur développement les rameaux et les fleurs.

La tige est *aérienne* si elle se développe dans l'air; *souterraine*, si elle reste sous terre (*iris, pomme de terre*).

La tige est *rampante* si elle reste couchée sur terre (*traînasse, fraisier*).

Elle est *volubile*, si elle s'enroule autour d'un appui (*volubilis, glycine*). Elle est droite et rameuse dans le chêne, le noyer. Elle se divise de suite en rameaux dans les arbrisseaux (*noisetier*, *lilas*). Elle est droite et sans rameaux dans le *palmier*, le *cocotier*.

Le bois est formé de fibres résistantes, dites *fibres ligneuses*. Au centre d'une tige est la *moelle*, puis vient le bois d'ancienne formation ou *cœur du bois*. Il est recouvert par le bois nouveau ou *aubier*. Autour de celui-ci se trouve l'*écorce*.

L'*écorce* nous fournit le liège (*chêne-liège*), et les fibres textiles du lin, du chanvre.

Le bois de nos arbres est formé de couches annuelles concentriques; leur nombre donne l'âge de l'arbre.

Les tiges *herbacées* sont moins dures, moins résistantes que les tiges des arbres, parce qu'elles renferment bien moins de fibres ligneuses et plus de moelle.

Les *feuilles* servent à nourrir les plantes. On y distingue le *limbe* vert, la queue ou *pétiole* qui manque parfois (*primevère*), les *stipules*.

La charpente est formée par des nervures ligneuses qui s'assemblent comme les barbes d'une plume (feuilles allongées), ou comme les doigts d'une main (feuilles arrondies) ou qui restent parallèles (*maïs, jacinthe*).

Les feuilles sont à contour entier (*lilas*), ou dentées (*pêcher*), ou déchiquetées profondément (*chêne, chicorée*).

Les feuilles composées sont formées de petites feuilles portées par un même pétiole (*trèfle, luzerne, cerfeuil*).

On trouve toujours un bourgeon au point d'attache d'une feuille sur son rameau.

Des feuilles sont *alternes, opposées, verticillées* si elles naissent isolées sur la branche, ou deux par deux, ou en plus grand nombre.

XIV. — ORGANES DESTINÉS A REPRODUIRE LE VÉGÉTAL

139. Nous connaissons déjà les noms et la disposition des diverses parties de la fleur.

Nous rappellerons que bien souvent, les feuilles qui avoisinent la fleur (*fig.* 92) sont plus petites, plus simples que les autres. On les appelle des *bractées*.

La petite coupe qui est à la base d'un gland est formée de bractées. Les feuilles d'artichaut dont nous mangeons la partie inférieure sont aussi des bractées.

140. Disposition des fleurs. — La fleur naît souvent seule à l'extrémité d'une tige ou d'un rameau (*le bouton d'or fig.* 92). Chaque fleur est ainsi isolée ou *solitaire*. Mais, d'autres fois, les fleurs se groupent à l'extrémité des branches et forment un ensemble que les botanistes ont étudié, et qu'ils ont désigné par des noms différents.

Fig. 108.— Grappe de groseillier.

Par exemple, les fleurs du groseillier (*fig.* 108) sont portées sur un rameau par de petites queues qui ont à peu près la même longueur. On ne trouve pas de feuilles entre elles. Cette disposition est appelée une *grappe*.

QUESTIONNAIRE

Qu'est-ce qu'une bractée (139) ?
Par quoi est formée l'enveloppe verte de la noisette ? — la coupe qui est à la base du gland ?
Montrez les bractées sur une digitale.
Qu'appelle-t-on fleur solitaire ? — Citez des plantes qui en ont (140).
Qu'est-ce qu'une grappe ? — Donnez des exemples.

Parfois, toutes les fleurs sont portées par l'extrémité même de la tige, leurs queues ont même longueur; elles forment la boule ou l'ombrelle. On dit qu'elles sont en *ombelle*. Exemple : *ail* (*fig*. 109), *carotte*, *ciguë* (*fig*. 139).

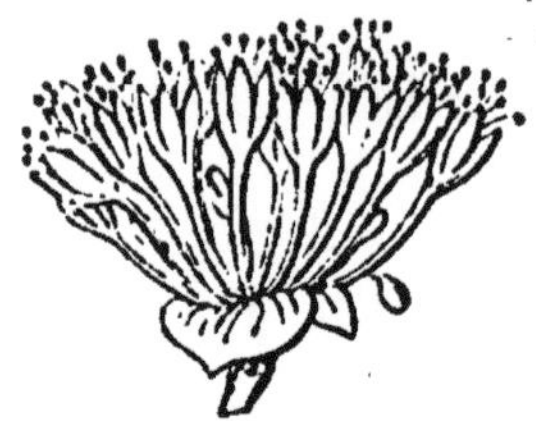
Fig. 109. Ombelle de l'ail (*liliacée*).

Lorsque les fleurs d'une grappe n'ont pas de queue et sont attachées directement à la tige, on a un *épi*, comme dans le *froment* (*fig*. 146), la *verveine* (*fig*. 110).

Si les fleurs d'une ombelle n'ont pas de queue, on a un *capitule : scabieuse*, *pâquerette*, *pissenlit* (*fig*. 133 à 135).

Fig. 110. — Épi de la verveine.

141. Enveloppes de la fleur. — Les parties du *calice*, c'est-à-dire les petites feuilles vertes qui le composent sont des *sépales ;* les folioles colorées de la corolle sont des *pétales*.

Tantôt, ces parties sont complètement distinctes les unes des autres; on effeuille une rose en arrachant isolément chaque pétale. Le calice est alors dit *polysépale ;* la corolle, *polypétale* (beaucoup de pétales). Exemple, le *bouton d'or* (*fig*. 92).

D'autres fois, les sépales se sont soudés entre eux ; le calice est *monosépale*. Si les pétales se soudent, la corolle est *monopétale* ; on enlève toute la corolle quand on veut tirer un des pétales. La *digitale*, la *clochette*, la *bour-*

QUESTIONNAIRE

Qu'est-ce qu'une ombelle? — un épi? — un capitule? — Citer des exemples.

Qu'est-ce qu'un calice? — un calice monosépale? — polysépale? — un calice régulier? — Donnez des exemples (141).

Citez des fleurs à calice persistant.

rache (*fig.* 111), le *muflier* (*fig.* 112), ont tous des corolles monopétales.

Fig. 111. — Fleur monopétale régulière de la bourrache (*borraginée*).

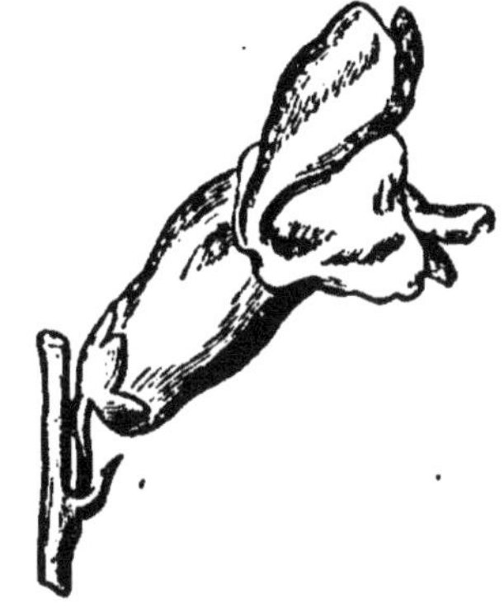

Fig. 112. — Fleur monopétale irrégulière du muflier (*personée*).

142. On donne le nom de *réceptacle* à l'extrémité de la tige qui porte les diverses parties de la fleur. Si les sépales ou les pétales sont tous égaux, soudés, quand il y a lieu, à la même hauteur; s'ils sont insérés sur le réceptacle à des distances égales et à la même hauteur, le calice ou la corolle sont réguliers. Telles sont les fleurs de *renoncule* (*fig.* 92), de *rose* (*fig.* 136), de *bourrache* (*fig.* 111).

Quand ces conditions ne sont pas remplies, le calice ou la corolle sont irréguliers; telles, la *fleur des pois* (*fig.* 139), la *gueule de lion* (*fig.* 112).

Fig. 113. — Fleur du chanvre. — Elle n'a pas de corolle, mais elle est réduite à un calice et à des étamines.

143. Certains calices ne se flétrissent pas avant la maturité du fruit, on les retrouve autour de celui-ci; c'est le cas de la *fraise*, du *haricot* (*fig.* 125). D'autres tombent avant la floraison. Le

QUESTIONNAIRE

Qu'est-ce qu'une corolle? — régulière? — irrégulière? — monopétale? polypétale? — Donnez des exemples (142).

bouton du coquelicot est enfermé dans un calice vert que l'on ne retrouve plus, lorsque la fleur est épanouie.

Le calice n'est pas toujours vert. Il est coloré en rouge dans le *fuchsia*, la *fleur de grenadier ;* en jaune, dans la *capucine.*

La corolle n'existe pas toujours ; elle manque dans la *betterave*, le *sarrasin*, le *chanvre* (*fig.* 113).

La plupart des arbres forestiers de nos pays n'ont ni corolle ni calice. On ne trouve à la place que des feuilles écailleuses, des bractées entourant les étamines ou le pistil.

144. Étamines. — L'étamine (*fig.* 114) se compose d'un *filet* qui soutient une partie élargie appelée *anthère.* Parfois le filet manque (*violette*). L'anthère est un sac à deux loges, rempli d'une poussière très fine, ordinairement jaune, appelée *pollen.* Les loges s'ouvrent presque toujours par une fente longitudinale pour laisser sortir le pollen.

Fig. 114. Étamine.

Fig. 115. — Étamines de la mauve (*malvacée*) soudées par les filets en un groupe.

Fig. 116. — Étamines du haricot (*légumineuse*) formant deux groupes ; les filets de 9 d'entre elles sont soudés autour d'un pistil, *st*, stigmate.

Le nombre des étamines varie suivant la fleur de *un* à *vingt* et au-dessus.

QUESTIONNAIRE

Citez des calices colorés (143).
Citez des fleurs sans corolle (143).
Citez des fleurs sans corolle ni calice.
Qu'est-ce qui enveloppe alors le pistil ?

…s certaines fleurs *pavot*, *bouton d'or* (*fig.* 92), les étamines sont libres et distinctes les unes des autres.

Vous les trouverez soudées par leurs filets et formant un tube complet dans la *mauve* (*fig.* 115).

Le tube est incomplet dans le *haricot* (*fig.* 116). Neuf étamines ont leurs filets soudés, la dixième est libre.

Pour qu'il y ait toutes les variétés, la *douce-amère* (*fig.* 130) a les filets de ses étamines distincts mais les anthères sont soudées. On retrouve cette disposition dans le *bleuet* (*fig.* 133).

Quelquefois les étamines sont soudées à la corolle et, en tirant celle-ci, on enlève les étamines. Cela se voit dans la *primevère* (*fig.* 117).

Ces détails, que nous abrégeons, peuvent paraître minutieux; ils ont leur importance, quand il s'agit de classer les plantes et de les reconnaître.

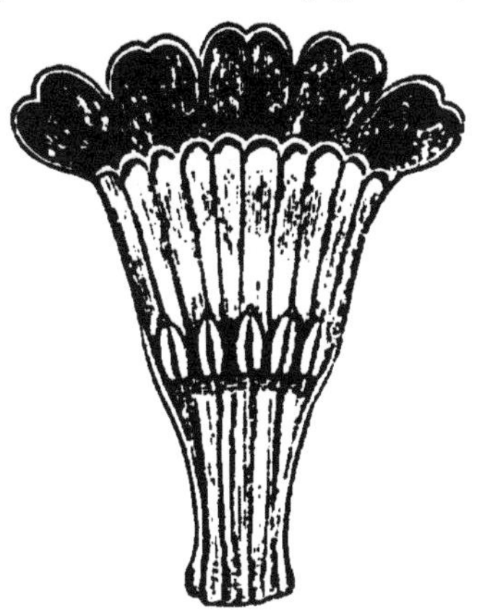

Fig. 117. — Étamines de la primevère (*primulacée*) portées par la corolle.

145. Pistil. — Le pistil, partie centrale de la plante, est composé de l'*ovaire*, du *style* et du *stigmate*.

Prenons pour exemple le pistil du *lys* (*fig.* 118).

L'ovaire *a* est un corps vert arrondi. Si on le coupe transversalement, *b*, on voit qu'il présente trois cavités distinctes ou *loges* qui renferment de petits corps blancs, appelés *ovules;* ce sont eux qui deviendront plus tard des graines.

Le filet, plus ou moins gros, *c*, qui surmonte l'ovaire est

QUESTIONNAIRE

Nommez les parties d'une étamine. — Qu'est-ce que le pollen (144)?
Citez des fleurs à étamines libres; — des fleurs à étamines soudées; — des fleurs dont les étamines sont soudées aux pétales.
Nommez les différentes parties de pistil (144).
Qu'est-ce que l'ovaire? — Qu'est-ce qu'un ovaire simple? — composé?

le *style*. Le mamelon à trois divisions *d* qui le termine est le *stigmate*.

Vous trouverez plusieurs styles distincts dans l'*œillet*. Vous n'en trouverez pas dans la *tulipe* (*fig*. 143).

Fig. 118.—Pistil du lis (*liliacée*): *a*, ovaire; *c*, style; *d*, stigmate; *b*, ovaire coupé transversalement pour faire voir les trois loges et les ovules.

On ne trouve qu'une seule loge dans l'ovaire d'un haricot, il correspond à un seul style et un seul stigmate. C'est un ovaire *simple*.

Nous avons trouvé dans le *bouton d'or* (*fig*. 92) un grand nombre d'ovaires simples groupés au centre de la fleur.

L'ovaire du *lys* est formé de trois ovaires simples qui se sont soudés : c'est un ovaire *composé*.

Les *ovules* ne sont pas toujours dans des loges distinctes, lorsque l'ovaire est composé. Dans le *réséda* (*fig*. 119) les ovules sont attachées sur la surface intérieure de la cavité unique de l'ovaire.

146. Les étamines et le pistil sont les organes essentiels de la fleur. L'ovaire ne se développe et ne devient un fruit que si le pollen des étamines tombe sur le stigmate et s'y attache. L'ovaire est alors fécondé.

Fig. 119.— Ovaire du réséda (*résédacée*) coupé transversalement; ovules attachés aux parois.

C'est à partir de ce moment que les ovules grossissent et deviennent des graines.

Si une forte pluie vient à laver le stigmate et entraîne les grains de pollen qui le recouvrent, le fruit *coule*, c'est-à-dire ne se développe pas.

QUESTIONNAIRE

Qu'appelle-t-on ovules (145)?
Comment se fait la fécondation de la fleur (146)?
Que deviennent l'ovaire et l'ovule après la fécondation?

Si on enlevait d'une fleur le pistil ou les étamines, et à plus forte raison, les deux à la fois, la fleur ne donnerait pas de fruits.

147. Il y a des fleurs qui n'ont qu'un pistil sans étamines; d'autres renferment les étamines sans pistil. Ces deux sortes de fleurs sont souvent portées par le même pied.

Le *noisetier* (*fig.* 120) a des fleurs composées exclusivement d'étamines qui forment un épi tombant appelé *chaton*. On le voit en hiver et au commencement du printemps, quand l'arbuste est dépouillé de ses feuilles. Il faut regarder avec attention les branches pour apercevoir les fleurs à pistil. Elles ont la forme d'un bourgeon surmonté d'une aigrette de filets

Fig. 120. — Fleur du noisetier (*amentacée*) : *m*, *chaton* formé de fleurs à étamines ; *f*, fleur à pistil.

Fig. 121. — Chanvre mâle et femelle (*urticée*) 1, pied de chanvre ne portant que des fleurs à pistil ; 2, pied portant les fleurs à étamines.

rouges qui forment le stigmate. Ce sont ces pistils qui deviendront des *noisettes*.

Dans d'autres plantes, un pied porte des fleurs à étamines, un autre pied les fleurs à pistil. Tel est le *chanvre* (*fig*. 121). Les pieds à pistil donnent seules les graines de *chènevis;* mais les deux espèces de chanvre doivent être mêlées dans le même champ pour que le pollen des étamines soit porté par le vent ou les insectes sur les stigmates des pistils.

148. Fruit. — Lorsque les étamines ont laissé échapper le pollen, elles se flétrissent ainsi que la corolle et bien souvent le calice, le style et le stigmate tombent. De toute la fleur, il ne reste plus que l'ovaire et les ovules qu'il contient.

Une partie des ovaires d'une plante ne se développe pas; une autre grossit et donne les fruits. Dans les fruits se trouvent les graines.

Il y a une grande variété de *fruits*.

Les fruits qu'on sert sur nos tables sont des *fruits charnus*.

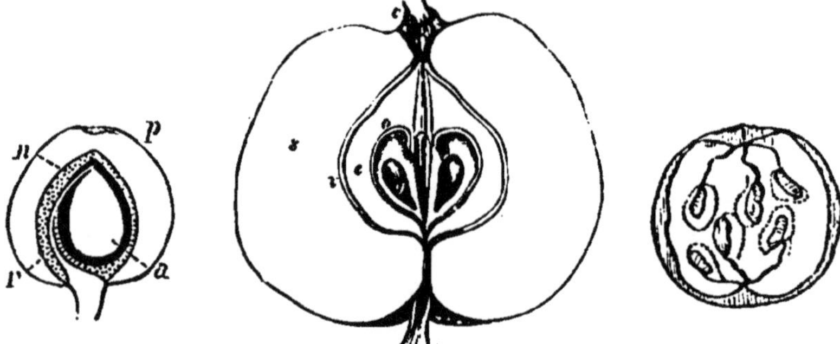

Fig. 122. — Fruit charnu du cerisier (*rosacée*); fruit à noyau ou drupe. Fig. 123.— Fruit charnu du pommier (*rosacée*): fruit à pépins. Fig. 124.— Fruit charnu ou *baie* du groseillier.

Leur tissu délicat, gorgé d'un suc sucré, est recouvert par une peau; au centre du fruit se trouvent le *noyau* ou les *pépins*.

QUESTIONNAIRE

Citez des fleurs sans pistil; — sans étamines (147).

Citez des plantes qui portent sur le même pied les deux ordres de fleurs; — des fleurs qui ne portent que des plantes d'une même espèce (147).

Qu'appelle-t-on fruit? — Que renferme-t-il? — Quelle est la partie de la fleur qui donne le fruit? — Citez des fruits charnus. — Quelles sont les graines du pommier (148)?

Les fruits à *noyau* sont : la *cerise*, la *prune*, la *pêche* (*fig.* 122); la chair est assez ferme, le noyau renferme une graine, l'*amande*. Les fruits à pépins sont : la *pomme* et la *poire* (*fig.* 123); la chair est ferme, les pépins sont les graines.

On donne le nom de *baie* aux fruits analogues à la *groseille*, au *raisin*. La chair est très molle, gorgée de sucs; les pépins y sont disséminés (*fig.* 124).

Tous les fruits charnus ne sont pas bons à manger; les baies de la *douce amère* sont des poisons.

Tous ces fruits charnus se détachent de l'arbre et pourrissent rapidement; les noyaux s'ouvrent longtemps après, et les graines enfouies sous terre peuvent alors germer.

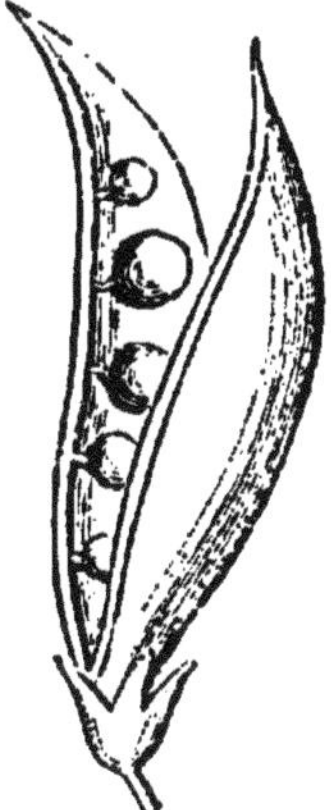

Fig. 125. Fruit sec ou *légume* du haricot (*légumineuse*).

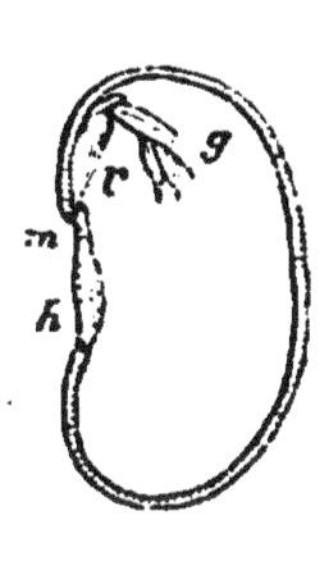

Fig. 126. — Graine du haricot coupée longitudinalement : *h*, enveloppe recouvrant un embryon; *r*, radicule; *g*, gemmule.

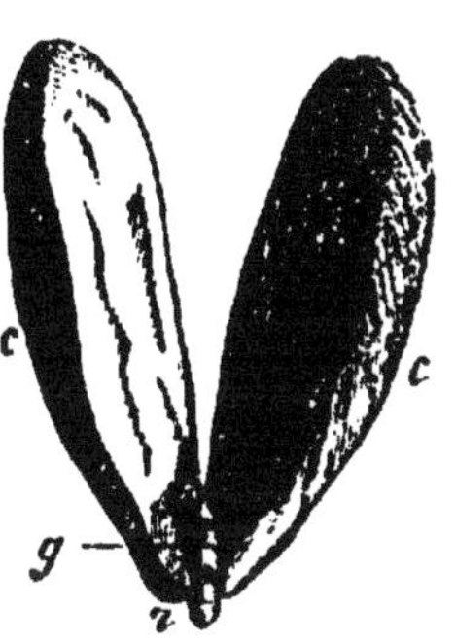

Fig. 127. Embryon de l'amande : *c*, cotylédons; *g*, gemmule, tigelle, radicule.

149. Il y a aussi des *fruits secs*. L'enveloppe qui renferme les graines reste mince et sèche, c'est-à-dire ne se gorge pas de sucs. Si cette enveloppe renferme plusieurs graines, elle

QUESTIONNAIRE

Citez des fruits secs. — Citez des fruits secs qui laissent tomber leurs graines; — qui ne s'ouvrent pas (149).

Connaissez-vous le fruit du pavot? — Est-il sec ou charnu? — Laisse-t-il sortir ses graines?

se dessèche à la maturité et s'ouvre pour laisser tomber les graines à terre.

C'est ce que nous voyons pour le *colza*, le *haricot* (*fig.* 125).

Si l'enveloppe ne renferme qu'une graine, elle reste close et c'est ce que l'on observe dans le fruit du *bouton d'or* (*fig.* 92) et dans le grain de *froment* (*fig.* 129).

150. Graine. — Pour étudier la graine, nous choisirons d'abord le *haricot* (*fig.* 126) et l'*amande* (*fig.* 127).

Mettez un haricot dans l'eau, vous pourrez, au bout d'un certain temps, enlever la peau. La masse farineuse qu'elle recouvre et que nous mangeons se divise en deux parties, appelées les *cotylédons*. Ce sont les deux premières feuilles de la plante, celles qui sortent de terre lorsque le haricot germe.

Entre les cotylédons se trouve une plante en miniature, formée d'un petit mamelon (*radicule*) qui deviendra la racine; d'un autre (*tigelle*) qui formera la tige; et d'un bourgeon rudimentaire (*gemmule*) premier bourgeon de la plante future. Tout cet ensemble, en y comprenant les cotylédons, constitue le *germe* ou *embryon*. On retrouve les mêmes parties dans l'amande. Ces deux graines sont donc constituées par une enveloppe et un germe.

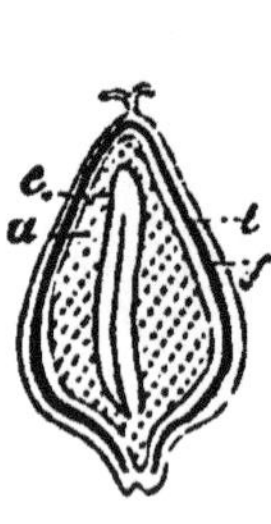

Fig. 128. — Fruit et graine du sarrasin (*polygonée*) : *f*, enveloppe du fruit; *e*, embryon situé au milieu d'un amas de matière nutritive *a*.

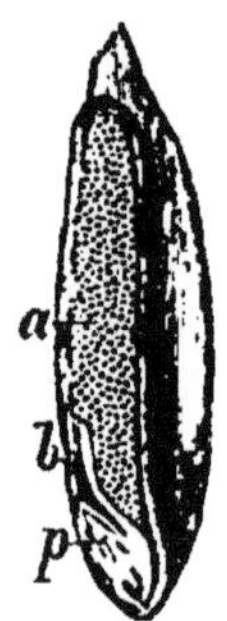

Fig. 129. — Fruit et graine du blé (*graminée*). — Embryon à un seul cotylédon *b*; entouré de matière nutritive *a*.

Dans le *sarrasin* et le *blé* (*fig.* 128 et 129), l'embryon ne remplit pas toute l'enveloppe de la graine; il est entouré dans ces deux graines d'une matière farineuse, destinée à nourrir le germe tant que les feuilles et les racines ne sont pas encore développées. C'est cette farine que nous recherchons pour faire du pain ou de la galette. On retrouve ce même amas de matière nutritive dans les gros cotylédons du haricot et de l'amande.

Il y a entre les graines de sarrasin et de froment une distinction très importante à faire. On trouve dans le sarrasin deux cotylédons, comme dans l'amande et le haricot. Ces plantes sont appelées des *dicotylédonées*. On ne trouve dans le *blé*, le *lys*, le *palmier*, qu'un seul cotylédon. Ce sont des *monocotylédonées* (un cotylédon).

Les *fougères*, les *mousses* n'ont pas de fleurs proprement dites, ni de graines aussi compliquées; on les appelle des *acotylédonées* (sans cotylédons). Ces trois groupes forment les trois embranchements du règne végétal.

QUESTIONNAIRE

Qu'est-ce que l'embryon? — Enumérez les parties de l'embryon. — Que deviendront ces parties lorsque la graine germera? — Comment est faite la graine du haricot? — la graine du sarrasin? — Quelles différences présentent ces deux graines (150)?

Quelles différences les germes de l'amandier, du froment, de la fougère présentent-ils?

Quels sont les trois grands embranchements du règne végétal?

RÉSUMÉ

Les feuilles se modifient, deviennent plus petites et plus simples à mesure que l'on s'approche des fleurs. Elles prennent la forme de petites lames vertes ou bien d'écailles (*artichaut*). On les appelle alors des *bractées*.

Les fleurs terminent parfois un rameau (*tulipe*) et en arrêtent alors le développement.

Elles sont isolées les unes des autres (*bouton d'or*), ou groupées en *grappes* (glycine), en *épis* (lavande), en *ombelles* (persil).

Le *calice* est formé de petites feuilles vertes (*giroflée*), ou colorées (*fuschia*), appelées *sépales*. Les sépales peuvent être distincts les uns des autres (*chou*), ou soudés ensemble (*œillet*).

La *corolle* est formée de petites feuilles colorées, appelées *pétales*. Ces pétales sont distincts dans l'œillet (*polypétales*); ou soudés, dans la pomme de terre (*monopétales*).

La corolle est régulière dans la *bruyère*, le *lilas*, le *jasmin*; irrégulière dans la *sauge*. Elle manque dans le *chanvre*, l'*oseille*.

Le calice et la corolle manquent dans le *chêne*, le *noyer*, etc.

L'étamine a un *filet* et une anthère, sorte de sac plein d'une poussière appelée *pollen*, nécessaire au développement des fruits et des graines.

Les étamines peuvent être libres (la *rose*); ou soudées par leurs filets (la *mauve*) ou soudées par leurs anthères (la *douce-amère*).

Le pistil est formé de l'*ovaire* surmonté du *style*, qui se termine par le *stigmate*. L'ovaire est creux et renferme les graines en voie de formation, appelées *ovules*.

L'ovule ne devient *graine*, l'ovaire ne devient *fruit* que si le pollen tombe sur le stigmate et s'y attache; la fleur est alors fécondée.

Certaines plantes portent des fleurs qui n'ont que des étamines et pas de pistil; et d'autres qui ont le pistil, mais pas d'étamines. Le concours de ces deux espèces de fleurs est nécessaire pour le développement du fruit. Tels sont : le *saule*, le *chêne*, le *noyer*, la *citrouille*.

Le *fruit* n'est autre chose que l'ovaire qui s'est développé après la fécondation de la fleur.

Les fruits *charnus* qui servent à notre alimentation : la *cerise*, le *raisin*, la *pomme* renferment une ou plusieurs graines qui sont : l'amande de la *cerise*, les pépins du *raisin* ou de la *pomme*. — Tous les fruits charnus ne sont pas bons à manger, certains sont des poisons (la *belladone*).

Les fruits *secs*, dont l'enveloppe est desséchée lors de la maturité, s'ouvrent pour laisser tomber les graines; d'autres qui ne renferment qu'une graine se détachent de la plante sans s'ouvrir (*bouton d'or*).

La *graine* renferme le germe ou *embryon* composé d'un ou deux cotylédons, entre lesquels se trouvent la *gemmule*, la *tigelle*, la *radicule*, parties d'une petite plante.

Tantôt le germe constitue toute la graine (*haricot*); tantôt il est placé dans un amas de matière nutritive qui sert à son développement ultérieur (*blé noir*, *froment*).

Les plantes dont le germe a deux cotylédons portent le nom de plantes *dicotylédonées* (*cerisier*, *œillet*).

Celles dont le germe n'a qu'un cotylédon sont des plantes *monocotylédonées* (*riz*, *maïs*, *seigle*).

Les plantes dont le germe n'a pas de cotylédon sont dites *acotylédonées* (*fougère*, *champignons*).

Ces trois groupes forment les trois embranchements du règne végétal.

XV. — CLASSIFICATION DES VÉGÉTAUX

Nous venons de dire que les végétaux sont partagés en trois groupes.

Les *dicotylédonées*, les *monocotylédonées*, les *acotylédonées*. Le *rosier*, le *lys*, la *fougère* représentent ces trois groupes.

PLANTES DICOTYLÉDONÉES

151. On distingue dans les plantes dicotylédonées : 1° celles qui ont une corolle monopétale; 2° celles qui ont une corolle polypétale; 3° celles qui n'ont pas de corolle.

Pour les végétaux comme pour les animaux, on range les espèces en famille, en groupant ensemble les plantes qui se ressemblent le plus.

Nous ne pouvons indiquer que quelques familles. Nous choisirons celles qui se reconnaissent le plus facilement.

PLANTES A COROLLE MONOPÉTALE

152. Famille des solanées. — La *douce-amère* (*fig.* 130) est une plante grimpante, comme le chèvre-feuille;

Fig. 130. — Douce-amère (*solanée*). — 1, rameau avec ses feuilles simples, entières, ses fleurs en grappes et ses baies; 2, calice et pistil; 3, corolle monopétale, portant les étamines soudées par les anthères; 4, coupe de l'ovaire à deux loges; 5, coupe de la graine, embryon en spirale.

on la trouve dans les haies. Ses fleurs violettes ont cinq pétales soudés, elles sont régulières. Au-dessous se trouve un calice violacé à cinq sépales soudés.

QUESTIONNAIRE

Donner à l'élève une branche de douce-amère; — de pomme de terre; — ou de quelque autre solanée et lui faire décrire les fleurs. Insister sur leurs caractères communs.

Quelles sont les plantes utiles de la famille des solanées? — Quelles sont les espèces dangereuses (153)?

Cinq étamines, dont les anthères sont soudées entre elles, sont portées par la corolle; et enfin, au centre de la fleur, est le pistil ayant un stigmate, un style et un ovaire à deux loges. On trouve dans ces loges un grand nombre de graines.

Le fruit est charnu et forme une petite baie rouge. C'est un poison.

153. Pomme de terre. — La fleur de pomme de terre (*fig.* 131) a encore un *calice régulier* dont les *cinq divisions sont soudées*, une corolle *régulière*, *monopétale*, *à cinq divisions*, *cinq* étamines entourant un ovaire qui renferme un *grand nombre* de graines dans *deux loges distinctes*.

Fig. 131. — Pomme de terre (*solanée*) : feuilles composées; fleurs monopétales, régulières.

La pomme de terre diffère par bien des points de la douce-amère. Sa tige n'est pas ligneuse, mais herbacée; ses feuilles sont composées; ses fleurs sont blanches et non violettes; cependant, les ressemblances de ces deux plantes sont tellement grandes, qu'on les range dans la même famille, elles et toutes celles qui présentent les mêmes caractères.

Les tiges souterraines et tuberculeuses de la pomme de terre sont gonflées d'une farine appelée *fécule;* nous nous en nourrissons. La pomme de terre, originaire d'Amérique, n'a été cultivée en France que depuis un siècle. Parmentier a beaucoup aidé à introduire cette culture dans notre pays.

La *tomate*, l'*aubergine*, cultivées surtout dans le midi, sont des solanées alimentaires.

A côté d'elles s'en placent d'autres qui sont extrêmement vénéneuses : la *belladone*, la *stramoine*, le *tabac*.

Le *tabac* nous vient d'Amérique. Il fut importé en France par Jean Nicot au quinzième siècle. Depuis deux cents ans l'usage du tabac a toujours été en progressant. Et cependant le tabac et sa fumée renferment un poison violent, la *nicotine*, qui affaiblit le cerveau, paralyse le cœur et est particulièrement dangereux pour les enfants.

154. Famille des labiées. — Cette famille renferme un grand nombre de plantes odoriférantes; la *menthe*, le *thym*, la *lavande*, la *sauge*, le *romarin*, l'*ortie blanche*, etc. (*fig.* 132).

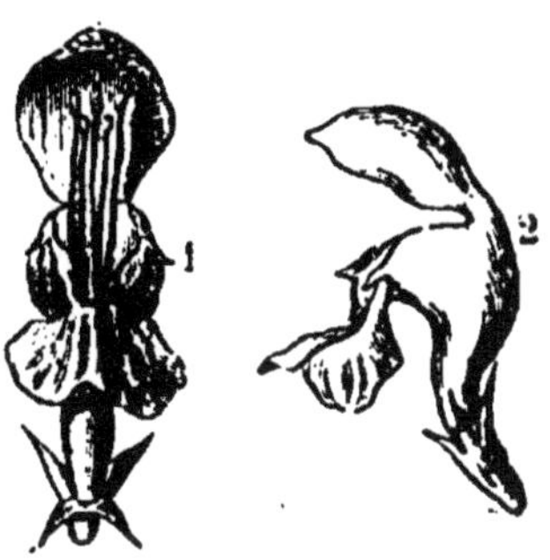

Fig. 132. — Lamier (ortie blanche): 1, fleur vue de face; 2, fleur vue de côté. Calice monosépale; corolle à deux lèvres; quatre étamines, deux grandes et deux petites.

Ces plantes se reconnaissent à la forme de la corolle ; les cinq pétales sont partagées en deux groupes qui ressemblent vaguement à deux *lèvres*. Les parties du calice sont soudées. Les étamines, portées par la corolle, sont au nombre de *quatre*, deux *grandes et deux petites*. Le pistil est formé de *quatre ovaires* que l'on voit au fond du calice quand on a enlevé la corolle. Ils donnent naissance à un seul style.

Dans toutes les labiées la tige est carrée et les feuilles sont opposées (*Voir fig.* 107).

Certaines espèces servent en médecine à faire des tisanes. Les pastilles sont aromatisées avec l'essence de menthe.

QUESTIONNAIRE

Les labiées sont très communes dans les champs; les faire reconnaître aux élèves; leur faire analyser les fleurs (155).

Quelles sont les labiées utiles?

155. Famille des composées. — *Bleuet.* — Pour le vulgaire, le bleuet est une fleur bleue ayant un grand nombre de pétales en cornet, enveloppés par un calice formé d'un grand nombre d'écailles.

Examinons de plus près cette prétendue fleur. Coupons le bleuet de haut en bas et détachons un des cornets qui sont au centre (*fig.* 133, 2). Nous y trouvons tous les caractères d'une fleur.

Fig. 133. — Bleuet (*composée*). — 1, Capitule du bleuet; 2, fleurs du centre, fertiles, une corolle monopétale à cinq divisions régulières surmonte l'ovaire; elle est, à sa base, entourée de poils; 3, corolle fendue pour montrer le tube formé par les anthères soudées et le style; 4, fruit ne s'ouvrant pas, il renferme une graine; 5, fleur stérile du pourtour.

Il n'y a pas de calice, il est vrai, mais on voit une corolle régulière à cinq pétales soudés. Cette corolle est portée par un ovaire qui renferme une graine et qui est surmonté d'un style et d'un stigmate.

Le style traverse le tube formé par les étamines dont les anthères sont soudés.

QUESTIONNAIRE

Etude des composées sur les plantes mêmes (156).
Quelles sont les composées qui servent à notre alimentation?
Quelles sont celles qui sont cultivées dans nos jardins?

L'ovaire donne un fruit sec qui ne s'ouvre pas.

Prenons les fleurs du pourtour; celles qui sont grandes, bleues, et qui se voient tout d'abord. Elles n'ont ni étamines ni style; l'ovaire ne sera jamais fécondé et ne donnera pas de fruit. Ces fleurs sont *stériles* et servent seulement à l'ornement de l'ensemble.

Le bleuet est donc un groupe de fleurs portées directement par le *réceptacle*; c'est ce que les botanistes appellent un *capitule*.

Quant aux écailles extérieures qui entourent le groupe, ce sont des *bractées*.

Le bleuet est une fleur *composée* d'autres fleurs, de là le nom donné à la famille qui est très nombreuse. La grande *centauré* des prairies ressemble au bleuet. Sa couleur est rose.

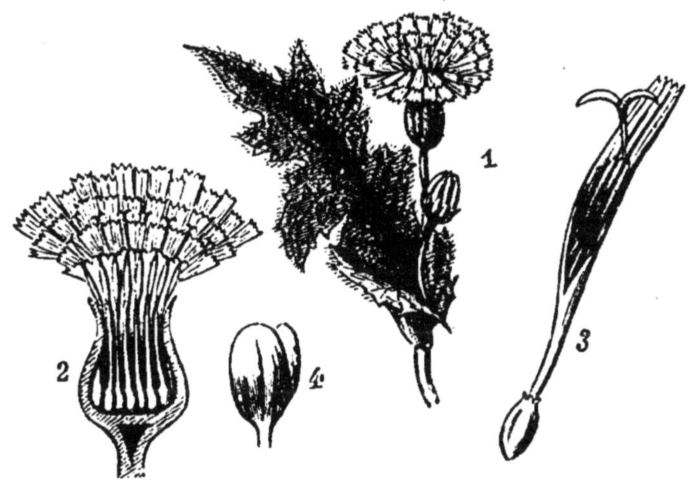

Fig. 134. — Laiteron (*composée*). — 1, fleur du laiteron, feuilles profondément déchiquetées; 2, coupe de la fleur (les véritables fleurs sont portées par un réceptacle concave); 3, une des fleurs : corolle portée par l'ovaire, cinq étamines soudées par les anthères, le style terminé par un stigmate bifurqué traverse le tube des anthères; 4, la graine dépouillée de ses enveloppes; on a séparé les deux cotylédons de l'embryon.

156. Laiteron. — Le *pissenlit*, le *laiteron*, la *chicorée*, vont nous montrer une seconde forme de fleurs composées.

La fleur du laiteron (*fig.* 134, 1) est encore un capitule de fleurs, enfermées dans une enveloppe de bractées et portées par un réceptacle concave. La fleur (3) n'a pas de calice; mais on y voit un ovaire qui porte une corolle irrégulière. C'est un tube qui s'est fendu par le haut et s'est étalé en une lamelle jaune. Les anthères des étamines sont encore soudées. L'ovaire a un style et un stigmate. Les fruits sont souvent ailés (*pissenlit*), c'est-à-dire surmontés d'une aigrette de poils qui s'envole au moindre vent, et transporte au loin la graine.

157. Marguerite. — La *grande pâquerette* (*fig.* 135), les *reines-marguerites*, les *soleils*, le *souci*, etc. présentent une disposition nouvelle. On trouve, comme dans le bleuet,

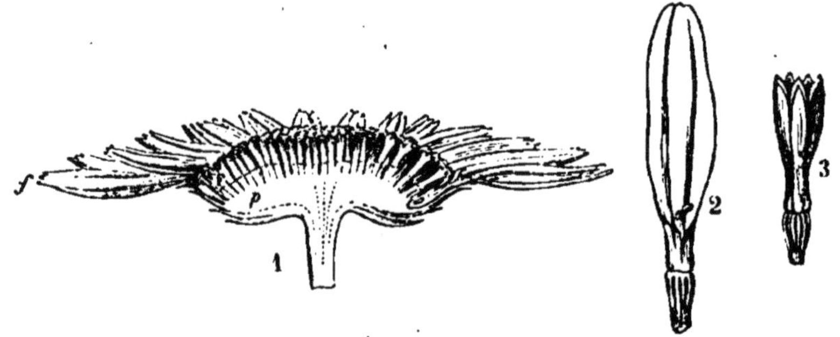

Fig. 135.— Grande pâquerette (*composée*). — 1, coupe du capitule (réceptacle convexe portant au centre les fleurs régulières et fécondes, sur ses bords, les fleurs stériles); 2, fleur en forme de lame, stérile; 3, fleur régulière à cinq pétales, en forme de tube, fertile.

des fleurs fertiles et régulières au centre. Elles ont la forme déjà décrite. Elles sont entourées par des fleurs stériles (2) dont la forme en lame se rapproche de celle du laiteron. Elles composent la jolie collerette blanche que tout le monde connaît.

Cette famille nous fournit nos salades : *chicorée*, *laitue*, etc. On mange les racines du *salsifis*, le réceptacle de l'*artichaut*.

Nous ne pouvons que signaler d'autres familles de plantes dicotylédonées à corolles monopétales qu'il serait intéressant de faire connaître aux élèves.

Personées. — Le muflier, la digitale.

Borraginées. — La bourrache, le myosotis.

Campanulées. — La clochette, la raiponce.
Chèvrefeuille. — Le sureau, le chèvrefeuille.
Oléinées. — Le lilas, le troène, l'olivier.
Les **Bruyères.** — Les *bruyères.*
Cucurbitacées. — Le melon, la citrouille.

Utiliser les promenades pour cueillir des fleurs, les faire étudier par les élèves, et dans les cas les plus faciles, leur faire reconnaître la famille.
On en fera autant pour toutes les familles suivantes.

PLANTES DICOTYLÉDONÉES A COROLLE POLYPÉTALE

158. Famille des rosacées. — *Églantier.* — La rose sauvage ou *rose de chien* (*fig.* 136) a une forme bien connue (1). Le calice (2) a cinq sépales déchiquetés sur les bords. La corolle est régulière et a cinq pétales distincts. Les étamines sont nombreuses.

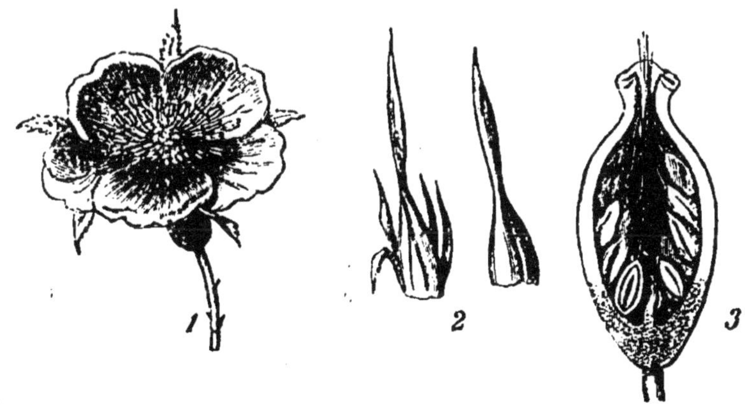

Fig. 136. — Églantier (*rosacée*). — 1. fleur; 2, sépales du calice; 3. fruit composé d'un réceptacle rouge renfermant un grand nombre de fruits secs qui ne s'ouvrent pas.

Au-dessous de la fleur est un renflement vert. C'est le réceptacle en forme d'urne; il renferme un grand nombre d'ovaires; chacun d'eux est surmonté d'un style.

Plus tard, ce réceptacle devient rouge, charnu (3), il enveloppe les fruits qui sont secs et renferment chacun une graine.

159. Le fraisier (*fig.* 137).—Sa fleur, ressemble à celle du rosier; seulement, le réceptacle qui porte les ovaires est en saillie au lieu d'être creux. Lors de la maturité, il devient charnu, et forme la fraise que nous mangeons; les petites graines dures qui sont parsemées à sa surface sont les véritables fruits.

Fig. 137.
Fraisier (*rosacée*).

Nous ne décrirons plus les fleurs des autres rosacées, elles se ressemblent toutes.

Le *framboisier*, la *ronce* ont des fruits comestibles bien connus. L'*aubépine*, le *cerisier*, le *prunier*, l'*abricotier*, le *pêcher* ont des fruits charnus à noyaux.

Les fruits du *pommier*, du *poirier*, du *cognassier* sont également charnus, mais renferment des pépins.

Fig. 138. — Giroflée des murs (*crucifère*). — 1. Fleur à quatre pétales disposés en croix ; 2. pétale se terminant par une lame longue et étroite ; 3, calice à quatre sépales distincts ; 4, six étamines dont quatre grandes et deux plus petites.

Nous venons de passer en revue presque tous nos arbres à fruit. On voit qu'ils appartiennent tous à la famille des rosacées. Examinez leurs fleurs, vous leur trouverez un air de parenté bien évident.

QUESTIONNAIRE

Décrire une fleur de rose (159).

Quelles sont les rosacées que l'on trouve dans les haies? — Quelles sont celles que l'on cultive en pépinières? — Quelles sont celles que l'on trouve dans les jardins potagers? — dans les jardins d'agrément?

Nous citerons encore d'autres rosacées : l'*amandier*, le *néflier*, le *sorbier*, le *cormier*, les *potentilles*, les *spirées*.

160. Famille des crucifères. — La fleur d'une giroflée (*fig.* 138, 1) ne ressemble plus du tout à la rose.

Cette fleur se reconnaît à sa corolle régulière. Le calice (3) est formé de quatre folioles distincts. Les quatre pétales sont disposés en croix, ce qui a fait donner à la famille le nom de *crucifère* (porte-croix). On trouve toujours six étamines (4); et toujours, il y en a quatre plus grandes que les deux autres. Au centre de la fleur est un pistil allongé.

Le fruit sec (138 *bis*) renferme les graines; ses deux moitiés s'écartent à droite et à gauche, lors de la maturité; et les graines, restées sur la partie médiane qui a la forme d'une cloison, peuvent tomber à terre.

Fig. 138 *bis*. — Fruit s'ouvrant pour laisser échapper les graines.

On trouve dans cette famille nombre de plantes utiles et d'ornement. Les *choux*, le *navet*, le *cresson*, le *radis* entrent dans l'alimentation de l'homme et du bétail.

Les graines de *colza* et de *navette* nous fournissent une huile qui sert à l'éclairage; la graine de *moutarde* est employée en médecine. Les *giroflées*, les *juliennes*, le *thlaspi*, le *gazon de Mahon* sont cultivés dans les jardins.

Fig. 139. — Fleur du pois (*légumineuse*) : *a*, étendard; *b*, ailes; *c*, carène.

161. Famille des légumineuses. — La fleur des *légumineuses* est irrégulière, et se reconnaît facilement à la forme de sa corolle.

Pois. — Dans la fleur du pois le calice a la forme d'un godet, les sépales sont soudés (*fig.* 139).

Cinq pétales distincts composent la corolle. L'un *a* (l'*étendard*) se relève, tandis que les deux autres latéraux *b* (les *ailes*) se rapprochent l'un de l'autre, et que les deux derniers *c* collés l'un contre l'autre ont une vague ressemblance avec l'avant d'un bateau (la *carène*).

Enlevez ces pétales, vous trouvez dix étamines (*Voir fig.* 116), l'une est libre, les neuf autres soudées par les filets enveloppent le pistil.

Plus tard, le fruit appelé *gousse* ou *légume* sera le petit pois bien connu et que l'on mange jeune. Il se dessèche ensuite et s'ouvre en deux moitiés pour laisser sortir les graines (*Voir fig.* 125).

Les *gesses*, les *pois de senteur*, le *genêt d'Espagne* sont des plantes d'ornement. Les plantes alimentaires sont les diverses espèces de *pois*, de *haricots*, de *fèves*, de *lentilles*.

Les plantes fourragères, non moins utiles, sont le *trèfle*, le *sainfoin*, la *luzerne*, la *vesce*, le *genêt* et l'*ajonc*.

Les arbres sont l'*acacia*, le *palissandre*, l'*arbre de Judée*.

162. Famille des ombellifères. — Je cite cette famille parce que les plantes qui la composent se reconnaissent facilement à la disposition des fleurs sur les rameaux (*fig.* 140).

Presque toujours ces fleurs sont disposées en *ombelles* simples, ou composées d'ombelles plus petites. Les feuilles sont composées ou très finement découpées (*cerfeuil*), les vieilles tiges sont souvent creuses.

Cette famille nous fournit des plantes alimentaires, *carotte*, *panais*, *céleri*, *angélique*, *persil*, *cerfeuil*.

Un grand nombre d'ombellifères sont vénéneuses. La *grande et la petite ciguë*.

Les exemples précédents indiquent suffisamment comment on peut analyser une plante, une fleur, et comment, dans les cas faciles, on reconnaît à quelle famille elle appartient.

QUESTIONNAIRE

Quelles sont les crucifères cultivées en grand nombre dans les champs?
Celles que l'on trouve dans les ruisseaux (160)?
Celles que l'on cultive dans les jardins?
Mêmes questions pour les légumineuses (161).

Nous ne pouvons poursuivre une étude aussi détaillée de toutes les familles végétales intéressantes, et nous nous bornerons à de rapides indications.

Fig. 140. — Grande cigüe (*ombellifère*). — Fleurs en ombelles, feuilles composées.

On compte parmi les dicotylédonées polypétales les familles suivantes :

PLANTES DICOTYLÉDONÉES APÉTALES

Caryophyllées. — L'œillet, la nielle des champs.
Malvacées. — La mauve, la rose trémière, le coton.
Renonculacées. — La renoncule, la clématite, le pied d'alouette.
Papavéracées. — Le pavot, le coquelicot, l'éclaire.
Ampélidées. — La vigne.

8

163. Les fleurs qui n'ont pas de corolle (les *apétales*) renferment des plantes utiles : le *chanvre*, l'*ortie,* le *mûrier* qui nourrit le ver à soie, le *houblon* dont les fruits servent à la fabrication de la bière, l'*oseille,* le *blé noir* ou *sarrasin* cultivé en Bretagne; sa graine donne une farine avec laquelle on fabrique des galettes.

164. Famille des amentacées. — Presque tous les arbres de nos pays sont des *amentacées.* Tous ont des fleurs apétales; les unes composées seulement d'étamines, et d'autres renfermant le pistil (*Voir fig.* 120). Ils nous fournissent des bois de construction, des bois blancs; leur écorce peut servir à tanner les peaux.

Citons quelques exemples : le *noisetier*, arbrisseau dont nous mangeons le fruit. La noisette fournit une huile estimée. Le *noyer*, bel arbre dont le bois est recherché en menuiserie. Sa graine (la *noix*) se mange fraîche et donne l'huile de noix. Le *châtaigner* donne du bois de charpente, on fait avec ses jeunes branches des cercles pour les tonneaux. Son fruit, la *châtaigne*, entre dans notre alimentation.

Le *chêne*, son bois est estimé, son écorce sert à tanner les peaux, son fruit le *gland* sert à la nourriture des porcs.

Les *saules,* les *peupliers,* croissent vite, mais ne donnent que des bois blancs, mous, légers. On s'en sert pour faire des emballages ou des voliges.

165. Famille des conifères. — Les *conifères* sont des arbres toujours verts, car leur feuillage étroit, menu, ne tombe pas pendant l'hiver. Leur bois est résineux et se conserve bien; on en fait un grand emploi en menuiserie. On

QUESTIONNAIRE

Caractère principal des ombellifères (162).
Quelles sont les plantes alimentaires que nous fournit cette famille?
Nommer les plantes les plus utiles du groupe des apétales (163).
Citez des plantes apétales.
Faire voir, au printemps, les fleurs à étamines et les fleurs à pistil du chêne, du noyer, des saules, des pins, et plus tard faire voir les fruits (164).
Comment sont disposées les fleurs du noisetier?

exploite les forêts de pin pour en retirer la résine. On fend l'écorce verticalement et la résine qui s'écoule est recueillie dans un petit pot placé au-dessous de la fente.

Les conifères ont les deux espèces de fleurs apétales, celles à étamines et celles à pistil. Le *cône* du pin (*fig.* 141) est une agglomération de fruits représentés chacun par une des écailles.

Le *pin*, le *sapin*, le *mélèze*, le *cèdre*, le *cyprès*, l'*if* sont les arbres les plus connus de cette famille.

Fig. 141. — Cône du pin (*conifère*). — Assemblage de fruits écailleux.

RÉSUMÉ

On a groupé les plantes d'après leur degré de ressemblance, et on en a formé des familles.

Les plantes dont l'embryon a deux cotylédons forment le groupe très nombreux des *dicotylédonées*.

Les unes ont une corolle et un calice. La corolle est formée de pétales qui se soudent ensemble (*monopétales*) ou qui restent libres (*polypétales*).

Les plantes monopétales qui ont une corolle *régulière* sont rangées dans des familles dont les principales sont les *solanées* (pomme de terre), les *borraginées* (bourrache), les *primulacées* (primevère).

Parmi les monopétales à corolle *irrégulière* se trouvent les *labiées* (menthe), les *personées* (muflier), les *chèvrefeuilles*.

Les plantes polypétales à corolle *régulière* comprennent les *rosacées* (rose), les *crucifères* (giroflée), les *malvacées* (mauve), les *caryophyllées* (œillet), etc.

Les polypétales à corolle *irrégulière* sont les *légumineuses* (haricot, les *résédas*, le *pied d'alouette*).

Les plantes qui n'ont pas de corolle sont les *apétales* (sarrasin, houblon, mûrier).

Les *amentacées* et les *conifères* n'ont ni corolle, ni calice. Leurs fleurs sont de deux sortes : fleurs à étamines, fleurs à pistil.

Les *amentacées*, qui se dépouillent de leurs feuilles en hiver, peuplent nos forêts.

Les *conifères*, arbres résineux toujours verts, sont le pin, le sapin, le cèdre, le cyprès, etc.

XVI. — PLANTES MONOCOTYLÉDONÉES.

166. L'embryon des plantes monocotylédonées n'a qu'un cotylédon. On trouve peu d'arbres dans ce groupe. Il faut aller dans les pays chauds pour rencontrer les *palmiers*, les *cocotiers*. Comme nous l'avons dit, ces arbres ont une tige droite sans branches ni rameaux (*fig.* 101).

Le bois de ces arbres n'a pas de couches concentriques, il est plus dur du côté de l'écorce qu'au centre.

Les parties de la fleur, pétales, étamines se groupent le plus souvent trois par trois, tandis que dans les dicotylédonées leur nombre est plutôt cinq.

167. Famille des liliacées. — La plupart des *liliacées* ont une tige souterraine appelée *bulbe* ou *oignon* (*fig.* 142). Il en sort une tige aérienne terminée par une fleur ou un épi.

Fig. 142. — Oignon du lis.— Des feuilles écailleuses entourent le bourgeon central.

Prenez une *tulipe* (*fig.* 143), un *lis*, une *jacinthe* ; la fleur sera toujours formée de six pétales blancs ou colorés. Vous trouverez six étamines ; le pistil sera composé d'un ovaire à trois loges ou cavités distinctes (2) renfermant beaucoup de graines et le stigmate sera divisé en trois. Il recouvre directement l'ovaire de la tulipe.

Outre les plantes d'ornement signalées plus haut on trouve dans cette famille : l'*oignon*, la *ciboule*, l'*échalotte*, l'*ail*, le *poireau* qui sont alimentaires.

QUESTIONNAIRE

Donner les caractères des fleurs du lis (167).
Quelles sont les liliacées que l'on cultive dans un jardin potager ?
Quelles sont celles qui ornent nos parterres ?

L'*asperge* est une liliacée qui n'a pas d'oignon, mais une *griffe* d'où sort une tige souterraine. Nous en mangeons les bourgeons.

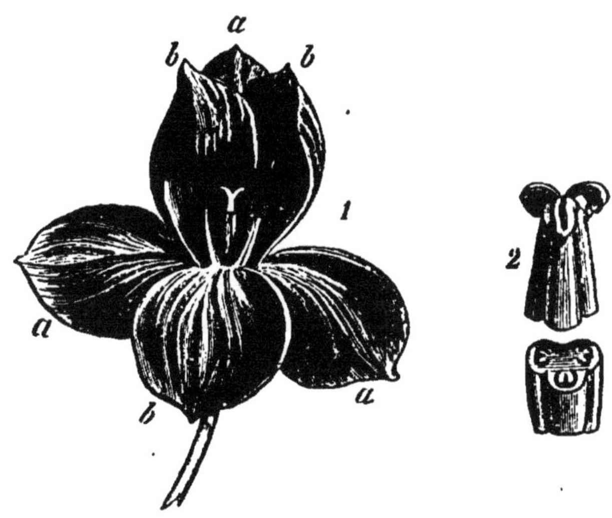

Fig. 143. — Tulipe (*liliacée*). — 1, fleur : *a*, trois folioles extérieurs ; *b*, trois folioles intérieurs, six étamines, un pistil. 2, ovaire surmonté d'un stigmate : trois loges distinctes, un grand nombre de graines.

168. Famille des Iridées.— Les *iris* que l'on trouve aux bords de l'eau ont une racine souterraine, des feuilles en forme de glaive, et de belles fleurs jaunes (*fig.* 144).

L'enveloppe de la fleur est composée de six folioles ayant l'aspect de pétales, il n'y a que trois étamines. Ce qu'il y a de plus remarquable, c'est que le style se termine par un stigmate qui a l'aspect de trois pétales. L'ovaire se trouve au-dessous de l'enveloppe florale.

Les iris nous fournissent quelques plantes d'ornement.

169. Famille des graminées. — L'importance de cette famille résulte de ce fait : les graminées nourrissent le genre humain et les animaux herbivores. L'aspect de ces plantes et de leurs fleurs n'a rien de remarquable.

QUESTIONNAIRE

Comment est faite la fleur d'iris (168)?

Prenons pour exemple l'*avoine* (*fig.* 145). Sa tige (2) appelée *chaume*, est creuse, renflée de distance en distance par des nœuds qui forment cloison.

Fig. 144. — Iris (*iridée*). Feuilles en forme de glaive. — 1. fleur; au-dessus d'un ovaire on trouve : 1° les folioles colorées au nombre de six : trois grandes, trois petites; 2° trois étamines; 3° un style et un stigmate ayant l'aspect de trois pétales. — 2. Coupe de l'ovaire; il a trois loges et renferme beaucoup de graines. — 3. Germination d'une graine; le cotylédon reste dans la graine pendant que la jeune plante se développe.

Une feuille part du nœud, enveloppe d'abord complètement la tige, puis s'étale en une lame longue, mince, étroite.

Une grappe de petits épis (3) termine la tige. Prenons un de ces épis (1), il est enfermé dans des feuilles vertes *d*, sortes de bractées qui formeront la *balle* d'avoine. L'une des fleurs *b* est stérile ; l'autre *a*, fertile, se compose de deux nouvelles feuilles écailleuses *c*, renfermant trois étamines et un pistil dont le stigmate ressemble à des plumes.

L'ovaire devient un fruit sec qui ne s'ouvre pas; l'enveloppe se soude à la graine, c'est le *grain d'avoine*. L'avoine a, comme toutes les céréales, une graine farineuse qui sert surtout à nourrir les chevaux.

Fig. 145. — Avoine (*graminée*). — 1. Un épillet d'avoine : *d*, grandes feuilles écailleuses; *b*, fleur stérile; *a*, fleur fertile; *c*, bractées écailleuses; trois étamines, un pistil, stigmate plumeux. — 2. Chaume : *n*, nœud; *f*, feuille. — 3. Portion de la grappe d'épis de l'avoine.

Le *froment* (*fig.* 146) a ses épillets directement attachés à l'axe. On le cultive dans tous les pays : en Europe depuis des siècles ; en Amérique, en Australie, dans l'Inde, depuis quelques années. Il sert à l'alimentation de l'homme.

Le *seigle* dont l'épi est serré et barbu (*fig.* 147) est une céréale robuste qui vient dans les terrains maigres. Le pain de seigle est plus compacte, plus gris, moins nutritif que le pain de froment.

L'*orge* (*fig.* 148) a des épis barbus; les fleurs y forment trois rangées sur l'axe. Elle sert à la fabrication de la bière, des eaux-de-vie de grains, de l'amidon.

QUESTIONNAIRE

Décrire la fleur des graminées. — L'étudier sur l'avoine ou le froment.
Énumérer les céréales et indiquer leur emploi (169).
En quoi les fleurs du maïs diffèrent-elles de celles du froment?
Quel nom porte la tige des graminées? — Comment est-elle faite?
Comment distinguez-vous les épis du blé, de l'orge, du seigle et de l'avoine?

Le *maïs* (*fig.* 149) se cultive en France, en Espagne, en Italie. Dans cette plante, les fleurs à étamines sont séparées des fleurs à pistil.

Fig. 146. — Froment.

Fig. 147. — Seigle.

Fig. 148. — Orge.

Bien qu'on lui donne le nom de blé de Turquie, il est originaire d'Amérique. Son fruit est un épi à gros grains farineux serrés. On fait de la bouillie et des galettes avec sa farine.

Le *riz* se cultive en Asie dans des champs inondés par une eau courante. C'est la base de l'alimentation des Asiatiques.

Les plantes de nos prairies *raygrass*, *paturin*, *flouve* sont des graminées (*fig.* 150).

Il en est de même des *roseaux*. Les plus intéressants sont : la *canne à sucre* cultivée aux Antilles, à l'île Bourbon, pour la fabrication du sucre ; et le *bambou* d'Asie qui atteint 15 à 20 mètres de haut.

PLANTES ACOTYLÉDONÉES

170. Les plantes dont il nous reste à parler n'ont ni fleurs ni fruits. Leurs graines, très simples, ne renferment plus un embryon à cotylédons. On leur donne le nom de *spores*.

Fig. 149. — Maïs (*graminée*). — Feuilles larges, tige creuse : *a*, fleurs d'étamines formant un panache d'épis ; *b*, épi de fleurs à pistil.

171. Les *fougères* ont une tige ligneuse. Dans les régions tropicales ce sont des arbres ayant de 10 à 20 mètres de haut. Les fougères de nos pays sont beaucoup plus petites (*fig.* 151).

Le tronc s'élève sans se ramifier et se termine comme celui du cocotier par un bouquet de feuilles.

Les feuilles de fougères sont composées, déchiquetées. Elles sont roulées en crosse, quand elles apparaissent.

On trouve sous les feuilles de petits amas de corps bruns. Chacun d'eux est un petit sac renfermant les spores.

172. Les *mousses* sont de petites plantes que l'on trouve sur les rochers, les murs, dans les forêts. D'autres viennent dans les marécages ; leurs débris forment en s'accumulant la *tourbe* que l'on emploie comme combustible dans certains pays.

173. Les *champignons* n'ont plus de feuilles, et par suite, ils n'ont pas la couleur verte (*fig.* 152).

Les uns sont comestibles : le *champignon rose* des prairies, les *cèpes*, la *morille*, la *truffe*. D'autres sont des poisons très dangereux : la *fausse oronge*.

Fig. 150. — Plantes fourragères.

Fléole des prés. Flouve odorante. Vulpin des champs. Ray-grass.

Les *moisissures* sont des champignons. Quelques-uns causent de grands ravages dans nos cultures.

L'*oïdium* de la vigne (*fig.* 153) se développe sur le grain de raisin et l'empêche de mûrir. On le détruit en saupoudrant les grappes de fleur de soufre.

L'*ergot* du seigle, la *rouille*, la *carie*, le *charbon* du blé détruisent les feuilles ou les épis.

Certains champignons microscopiques sont, dit-on, la cause des fièvres que l'on gagne dans les pays marécageux.

QUESTIONNAIRE

Énumérer les groupes de plantes que l'on trouve dans les acotylédonées (170).

Où trouve-t-on des fougères arborescentes (171)? — Quel aspect ont ces arbres?

Sous quelle forme se présentent les jeunes feuilles des fougères?

Comment nomme-t-on les graines de fougère? — Quelle est leur place sur la plante?

174. Les *lichens* qui forment sur les toits, sur les troncs d'arbres des tâches jaunes ou grises ; les *algues* que l'on

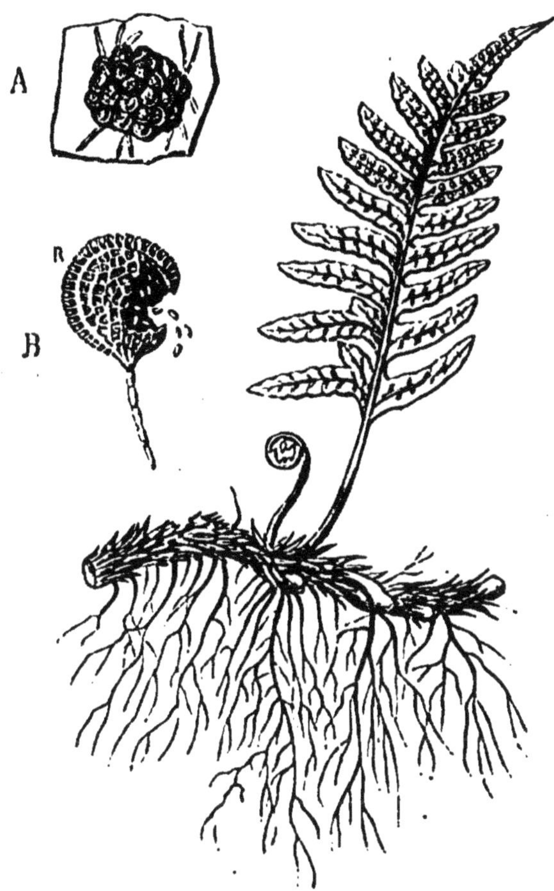

Fig. 151. — Fougère des murs. — Tige souterraine ; feuille en crosse d'abord, étalées ensuite, elles sont profondément découpées et portent les organes de fructification. A, amas d'organes reproducteurs, B, l'un d'eux fortement grossi.

trouve en abondance dans la mer ; les *prêles* qui poussent au bord des étangs sont des plantes acotylédones.

RÉSUMÉ

Les *monocotylédonées* se reconnaissent souvent à ce que leur tige n'est pas ramifiée. Leurs feuilles ont le plus souvent des nervures parallèles. Les parties de la fleur se comptent *trois par trois*. Il faut être botaniste pour trouver leur vrai caractère, qui est tiré de la forme de l'embryon. Il n'a qu'un seul cotylédon.

Fig. 152. — Champignon (*acotylédonée*). — 1. Agaric rose; le chapeau est couvert, en dessous, de lames qui supportent les spores. — 2. Bolet; le chapeau est couvert de tubes portant les spores.

Les familles les plus intéressantes sont : les *liliacées* qui renferment beaucoup de nos plantes alimentaires et les *graminées* dans lesquelles on trouve les céréales (*froment*, *maïs*, *riz*), les *plantes fourragères*, les *roseaux*.

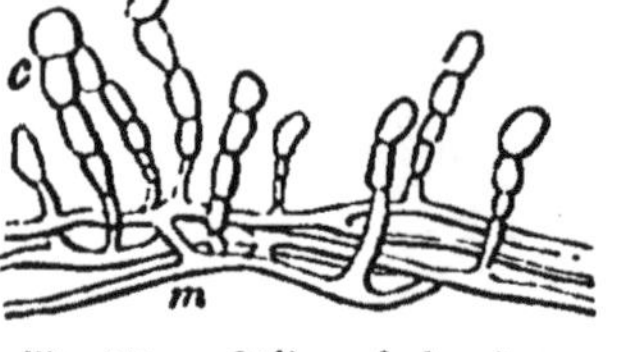

Fig. 153. — Oïdium de la vigne fortement grossi.

Les *acotylédonées* n'ont plus ni fleurs ni fruits. Ils se reproduisent par des graines très simples, souvent invisibles, que l'air transporte partout et qui germent lorsqu'elles trouvent des circonstances convenables.

Les *fougères*, les *mousses* qui ont des feuilles, les *champignons* qui n'en ont pas, les *lichens*, les *algues* sont les principaux groupes de plantes acotylédonées.

DEVOIRS

1. On vous propose de décrire une plante de votre jardin, un pied de haricot, par exemple; en indiquant brièvement ce que vous avez remarqué sur la racine, la tige, les feuilles, les fleurs et les fruits.

2. Indiquer la structure d'une tige des arbres de notre pays. — Qu'est-ce qu'une tige herbacée? — rampante? — souterraine? — Pourquoi une feuille comme celle du cactus, un tubercule, comme la pomme de terre, sont-ils appelés *tiges* par les botanistes?

3. Indiquer les formes générales des feuilles, leur disposition sur la tige, leur importance.

4. Qu'est-ce que le pistil? — Énumérer ses diverses parties. — Que deviennent-elles et que faut-il pour qu'elles se développent?

5. Qu'est-ce que le fruit? — Variétés de fruits. — Fruits que nous mangeons.

6. Comment est faite la graine? — Que renferme-t-elle? — Quel est son rôle? — Indiquer les graines principales qui entrent dans notre alimentation.

7. Quels sont les arbres forestiers que vous connaissez? — Comment distinguez-vous un chêne d'un noyer, d'un châtaignier? — Comment sont disposées leurs fleurs? — Quels sont leurs fruits?

8. Vous formez un bouquet avec des lis, des bleuets, de l'aubépine, des feuilles de fougère. — Comment reconnaissez-vous ces plantes? — A quel embranchement, à quelle famille appartient chacune d'elles?

9. Vous traversez la place du marché et vous voyez en étalage des carottes, des navets, des betteraves, des pommes de terre, des salsifis; savez-vous à quelles familles elles appartiennent? — Pourriez-vous distinguer à la simple vue de la fleur, la plante qui fournit la carotte de celle qui donne le navet ou la pomme de terre?

10. Qu'appelez-vous des céréales? — A quoi servent-elles? — Quelles sont celles que l'on cultive dans votre commune? — Comment est faite leur fleur?

NOTIONS SOMMAIRES DE SCIENCES PHYSIQUES

XVII. — ÉTATS DES CORPS

175. Divers états des corps. — L'enfant qui frappe avec sa main contre un mur, ou contre une poutre sent parfaitement que ces corps lui résistent, et l'empêchent d'aller plus loin. Il reconnaît à leurs formes particulières les objets qu'il manie : une clef de fer, une assiette de faïence, un de ses jouets. Il les brise souvent; mais il faut pour cela qu'il fasse un certain effort, et parfois il ne peut y parvenir.

Ces corps qui résistent au choc, qu'on ne peut briser du premier coup, ces corps qui conservent la forme qu'on leur a donnée et qui les fait reconnaître, sont des corps solides.

Le sol qui nous porte en est formé. Nous marchons sur les pavés, sur une poutre sans les briser ou les déformer. Nous enfonçons, il est vrai, dans le sable; c'est un amas de corps solides qui ont individuellement une forme bien déterminée. Ce sont des cailloux plus ou moins gros, qui ne tiennent pas les uns aux autres et qui roulent sous le pied. Chacun d'eux n'en est pas moins très dur, arrondi, présentant par conséquent les caractères d'un corps *solide*.

176. L'enfant aime à jouer avec l'eau. S'il frappe du poing l'eau d'un baquet, elle ne résiste pas au choc et sa main pénètre dans la masse; l'enfant la promène sans effort dans tous les sens.

L'eau, est plus encore que le sable, composée de parties qui

QUESTIONNAIRE

Qu'est-ce qu'un corps solide? — A quoi le reconnaît-on (175)? Par quoi se distingue-t-il d'un corps liquide ou d'un corps gazeux?

ne se tiennent pas, et si on voulait marcher à sa surface, on s'y enfoncerait bien plus complètement que dans un tas de poussière.

L'eau manque de *solidité*. C'est un *liquide*.

On ne reconnaît pas l'eau à sa forme, car elle prend toujours celle du vase qui la contient.

Un liquide est donc un corps sans forme particulière, dont les parties sont très faciles à mettre en mouvement, parce qu'elles tiennent très peu les unes aux autres.

177. L'air dans lequel nous vivons a la même mobilité que les liquides. Lorsque nous marchons, nous traversons l'air; il s'écarte à droite et à gauche pour nous laisser passer, et nous ne sentons pas l'effort qu'il faut faire pour cela.

Cet effort existe cependant, et devient sensible si nous marchons contre le vent; il nous empêche d'avancer. Le vent n'est que de l'air en mouvement. Il ressemble ainsi à un fleuve dont l'eau se déplace, et coule de la source à l'embouchure.

Nous ne pourrions courir dans l'eau, parce qu'il faut plus d'efforts de notre part pour fendre l'eau que pour fendre l'air. Nous ne pouvons avancer que très difficilement dans un fleuve dont le cours est rapide, si nous marchons contre le courant; nous ne pourrions remonter le lit d'un torrent.

Tous ces faits nous montrent l'analogie qui existe entre un courant d'eau et un courant d'air, entre l'eau et l'air.

L'air est un *gaz*, et nous verrons plus tard quelles sont les qualités qu'il possède et qui le distinguent d'un liquide.

Bien d'autres corps sont des gaz, ressemblant à l'air.

Tel est le gaz qui sert à éclairer les villes. Tels sont les corps qui s'échappent d'un canon quand on enflamme la poudre, et qui ont la force de lancer au loin un boulet ou de

QUESTIONNAIRE

Nommez des corps solides, des liquides, des gaz (176).

L'eau peut-elle devenir solide? — Dans quelles circonstances? — Quel est alors son nom (178)?

Comment peut-on amener l'eau à l'état gazeux et quel nom porte-t-elle alors?

briser une bombe. Telle est encore la vapeur d'eau qui fait marcher une locomotive.

178. Il y a donc trois manières d'être, ou trois *états* des corps.

L'état *solide* qui est celui du fer, du soufre, du bois. L'état *liquide* que l'on trouve dans l'eau, l'huile, le mercure. L'état *gazeux* ou celui de l'air, de la vapeur d'eau, du gaz d'éclairage.

Est-ce à dire que le fer, le soufre soient toujours solides, l'eau toujours liquide, l'air toujours gazeux ?

Non. La vapeur d'eau est un gaz quand on l'emploie dans une locomotive pour traîner un convoi de wagons. Elle n'est un gaz, que parce qu'elle est fortement chauffée et brûlante.

Si on la refroidit elle se liquéfie ; elle redevient de l'eau froide comme celle d'une rivière.

Que l'eau de la rivière se refroidisse encore, et c'est ce qui arrive pendant l'hiver, le liquide devient de la glace. C'est un corps dur, résistant, que vous ne briserez pas facilement ; qui vous supporte sans se rompre quand vous glissez à sa surface. Un général fait passer une armée sur un fleuve dont la glace est assez épaisse. La glace est un véritable corps solide.

Ainsi, l'eau très froide est solide ; elle devient liquide si on la chauffe. C'est un gaz, lorsqu'elle est assez échauffée pour devenir brûlante.

Nous pourrons en dire autant de bien des corps, du *soufre* par exemple. Vous le connaissez en bâtons jaunes, solides, quand il est chez le marchand.

Chauffez ces bâtons dans un vase de terre, ils fondent et deviennent liquides. Chauffez ce liquide plus fortement, il bout comme l'eau et devient gazeux.

De même, un gaz peut devenir liquide quand on le refroidit et ce liquide, refroidi à son tour, se transforme en un corps solide.

Concluons que l'état d'un corps est déterminé par la chaleur qu'il renferme.

179. Air. — Une masse d'air appelée *atmosphère* enveloppe la terre. Son épaisseur n'est pas inférieure à seize lieues. C'est dans cet air que nous vivons, que nous respirons, et c'est le seul gaz qui puisse entretenir notre respiration.

Nous savons déjà que l'air est un corps très mobile.

L'atmosphère est sillonnée de courants d'air, comme la mer est couverte de courants d'eau. Nous appelons ces courants des *vents*. Nous reconnaissons que c'est de l'air en mouvement à ce qu'il agite les arbres, et qu'il les brise, s'il est violent.

Les vents nous sont utiles pour faire tourner les ailes d'un moulin, ou pour pousser les voiles d'un navire. Ils sont plus utiles encore, car ils prennent les *nuages* sur la mer où ils se forment, et les amènent sur le continent.

Les nuages sont formés de gouttelettes d'eau très fines, tenues en suspension dans l'air. Ils se produisent quand l'air chargé de vapeur d'eau se refroidit.

Si le refroidissement continue après la formation du nuage, celui-ci se transforme en *pluie*.

La pluie, désagréable aux promeneurs, a un rôle très utile dans la nature. Les contrées où les pluies sont rares, comme le désert du Sahara, sont stériles.

La pluie donne donc la fertilité à nos champs. C'est elle qui entretient nos fleurs et elle sert à l'arrosage du globe.

La vapeur d'eau qui est dans l'air se liquéfie parfois dans le voisinage du sol. Le nuage qui se forme alors au contact de la terre trouble la transparence de l'air et s'appelle un *brouillard*.

On lui donne le nom de *serein* quand il se forme le soir au-dessus d'une prairie.

QUESTIONNAIRE

Qu'est-ce que l'atmosphère? — Quelle est son épaisseur (179)?

A quoi l'air nous sert-il? — Qu'est-ce que le vent? — Nous est-il utile? — Peut-il nous être nuisible?

Qu'est-ce qui forme les nuages? — Quel est l'effet d'un refroidissement sur un nuage? — Quelle est l'utilité de la pluie? — Pourquoi les plaines du Sahara sont-elles stériles? — Qu'est-ce que le brouillard? — le serein? — la rosée? — les gelées blanches?

Les herbes qui se refroidissent pendant la nuit, refroidissent l'air qui les touche, la vapeur d'eau qu'il contient, et se recouvrent de gouttelettes d'eau dues à la liquéfaction de cette vapeur ; c'est la *rosée*.

Les *gelées blanches* ne sont que de la *rosée solidifiée*. Elles sont dangereuses au printemps, parce qu'elles détruisent les jeunes bourgeons des plantes.

RÉSUMÉ

Etat des corps. — Les corps sont *solides*, comme le fer; *liquides*, comme l'eau; *gazeux*, comme l'air.

Un corps solide a une forme qui lui appartient et qu'il conserve si on n'agit pas sur lui pour le briser ou le tailler. Il faut, pour le faire, exercer un effort plus ou moins grand. Sa résistance lui permet de soutenir, sans se rompre, des fardeaux plus ou moins considérables.

Les liquides et les *gaz* n'ont pas de forme spéciale; ils prennent celle des vases qui les contiennent. Ils sont très mobiles et leurs parties se séparent facilement pour laisser passer un corps en mouvement.

Les corps (l'*eau*, le *soufre*) prennent successivement chacun des trois états, selon qu'ils sont plus ou moins échauffés.

Ils sont solides quand ils sont froids et qu'ils renferment peu de chaleur. Ils deviennent liquides si on les chauffe, ils se transforment en gaz si l'échauffement est suffisant.

Air. — L'air entoure la terre et forme l'*atmosphère*.

Il soutient les *nuages* formés de gouttelettes d'eau très fines. Ces nuages refroidis se transforment en *pluie*. Celle-ci arrose le sol et le rend fertile. Elle fournit l'eau qui coule à la surface de la terre en rivières et en fleuves.

Les *brouillards*, le *serein*, la *rosée* sont dus à la transformation en eau de la vapeur contenue dans l'atmosphère.

XVIII. — ÉTUDE DES GAZ
QUI ENTRENT DANS L'AIR

180. Il n'y a pas que de la vapeur d'eau dans l'air. On y trouve trois gaz différents : l'*azote*, l'*oxygène*, l'*acide carbonique*. A première vue, ces gaz ressemblent à l'air. Nous allons apprendre à les distinguer.

Je suppose donc que l'on ait préparé ces trois gaz, comme vous apprendrez à le faire dans le cours supérieur ; et qu'on en ait rempli de petites cloches allongées, qu'on appelle *éprouvettes* ou, si on n'en a pas, de petits flacons à large goulot.

Ces éprouvettes sont renversées dans des soucoupes pleines d'eau ; le liquide bouche suffisamment leur extrémité ouverte, et le gaz intérieur ne se mêle pas à l'air extérieur.

181. Oxygène. — Nous prenons l'éprouvette pleine d'oxygène, et nous la plaçons dans une terrine pleine d'eau avec la soucoupe qui la ferme. Après l'avoir un peu soulevée, nous la bouchons avec la main, nous l'enlevons de la terrine, et nous la retournons pour placer son orifice en haut. Prenons maintenant une allumette ou une baguette, nous en faisons rougir au feu l'extrémité, et nous la plongeons dans l'éprouvette pleine d'oxygène.

Le petit charbon rouge qui la termine brûle avec une vivacité extraordinaire, et le bois s'enflamme. Nous plongeons la baguette dans une éprouvette pleine d'air, le charbon brûle sans éclat ; et si on a éteint la flamme du bois en soufflant dessus, elle ne se rétablit plus dans l'air.

L'oxygène se reconnaît donc à ce *qu'il rallume une allumette qui présente à son extrémité quelques points de charbon rouge.*

182. Combustion du charbon. — Le charbon brûle dans l'oxygène avec un éclat plus vif que dans l'air, et il se consume bien plus rapidement.

C'est ce que l'on fait voir en taillant en pointe un morceau de charbon (*fig.* 154).

On l'attache à un fil de fer, et on fait rougir la pointe en la mettant dans la flamme d'une bougie. Il n'y a qu'un petit point chauffé au rouge.

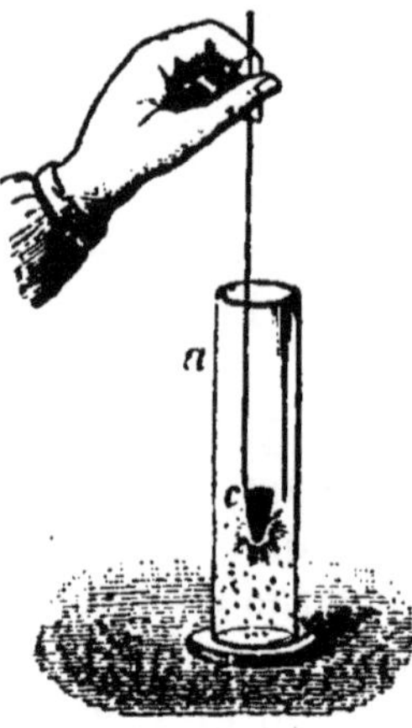

Fig. 154. — Un morceau de charbon rougi au feu brûle avec éclat dans l'oxygène.

On plonge de suite le charbon dans l'oxygène. Le point rouge, qui se serait certainement éteint dans l'air, se met à briller d'un vif éclat, et tout le charbon est bientôt en feu ; puis il s'éteint.

Cette terminaison de l'expérience nous montre qu'il n'y a plus d'oxygène dans l'éprouvette. Il ne s'y trouve pas davantage d'air, car le charbon aurait continué à brûler lentement.

Plongeons dans cette éprouvette un bout de bougie allumée, elle s'éteint aussitôt. Décidément, le gaz qui remplit l'éprouvette n'est pas de l'air, car la bougie y brûlerait.

Les chimistes ont donné le nom d'*acide carbonique* au gaz qui se forme, quand on fait brûler du charbon dans l'oxygène. Ils ont constaté que l'on retrouve dans ce corps le *charbon* qui a été brûlé uni à l'*oxygène* qui a disparu.

Ils disent que l'acide carbonique est un corps *composé* d'oxygène et de charbon qu'ils appellent *carbone*. Ils affirment que la chaleur produite par le charbon qui brûle, et qui le rend lumineux, est la conséquence de l'union du charbon et de l'oxygène ; et ils appellent *combustion*, cette transformation

QUESTIONNAIRE

A quoi reconnait-on l'oxygène? — Dans quel vase peut-on le conserver pour l'empêcher de se mêler à l'air (181)?

Comment le charbon brûle-t-il dans l'oxygène? — Comment appelle-t-on le gaz qui se forme quand on brûle du charbon? — Qu'est-ce que la *combustion* du charbon (182)?

Que deviennent, après la combustion, le charbon et l'oxygène?

Qu'est-ce qu'un corps combustible?

du charbon en acide carbonique, transformation accompagnée d'une production de chaleur et de lumière.

Le soufre, le phosphore d'une allumette chimique brûlent également dans l'oxygène, avec un vif éclat et en produisant, comme le charbon, de la chaleur et de la lumière. On réalise ainsi la combustion du soufre, la combustion du phosphore, et les corps qui brûlent sont appelés *combustibles*.

Il n'y a que l'oxygène qui, dans les circonstances ordinaires de la vie, fasse brûler les corps ; non seulement ceux que nous venons de citer, mais le bois, le charbon de terre, l'huile, le suif.

Nous reviendrons bientôt sur ce sujet.

183. Azote. — Prenons la seconde éprouvette pleine d'azote. Nous la soulevons sans la retourner, et nous plongeons dans son intérieur un bout de bougie allumé, porté encore par un fil de fer. La bougie s'éteint de suite (*fig.* 155).

Fig. 155. — Une bougie allumée s'éteint dans l'azote.

L'azote ne fait pas brûler les corps.

On a constaté qu'il ne peut entretenir leur respiration. Un oiseau que l'on met sous une cloche pleine d'azote meurt asphyxié. Ce n'est pas, il est vrai, particulier à l'azote. Les animaux ne peuvent respirer que dans l'air ou dans l'oxygène ; et encore, ils ne pourraient rester longtemps dans ce dernier gaz sans être épuisés.

L'azote et l'oxygène sont appelés des *éléments* ou des corps *simples*, parce qu'on n'y trouve qu'un seul corps, et non pas deux comme dans l'acide carbonique.

Il est encore un corps simple gazeux, que nous voulons vous faire connaître, c'est l'*hydrogène*.

QUESTIONNAIRE

Quel est le gaz qui fait brûler le bois? — qui fait brûler le suif d'une chandelle (182)?

A quoi reconnait-on l'azote? — Que se passe-t-il si on plonge dans un flacon plein d'azote un charbon rouge? — une bougie allumée (183)?

Un animal peut-il vivre dans l'azote?

184. Hydrogène. — Nous le supposons préparé et renfermé dans une éprouvette.

Nous soulevons celle-ci et nous approchons de son orifice une bougie enflammée. *L'hydrogène brûle avec une flamme pâle, peu visible.* Ce qui le distingue suffisamment des deux gaz précédents.

On peut constater que, si c'est un gaz *combustible*, ce n'est pas un gaz qui puisse faire brûler les autres corps. Plongeons dans l'hydrogène une bougie allumée *b* (*fig.* 156). Le gaz s'enflamme, mais la bougie s'éteint aussitôt qu'elle est entourée par l'hydrogène.

Fig. 156. — Une bougie allumée enflamme le gaz hydrogène, s'il est au contact de l'air ; elle s'éteint quand elle est plongée dans ce gaz.

Un charbon rouge s'éteint dans l'hydrogène sans enflammer le gaz.

Le gaz n'est pas propre à la respiration des animaux. Un oiseau meurt asphyxié, si on le place sous une cloche pleine d'hydrogène.

L'hydrogène mêlé à l'air produit une explosion quand on l'enflamme.

On remplit d'hydrogène la moitié d'une éprouvette, et on achève de la remplir avec l'air ; puis on approche de son ouverture la flamme d'une bougie, le gaz brûle et produit une petite explosion.

Si on faisait l'expérience dans un grand flacon à goulot étroit, elle deviendrait dangereuse ; parce que l'explosion serait plus forte, elle briserait le flacon, et en projetterait au loin les débris, qui pourraient blesser l'expérimentateur.

QUESTIONNAIRE

Comment reconnaît-on l'hydrogène? — Qu'arrive-t-il si on plonge dans l'hydrogène un charbon rouge? — une bougie allumée (184)?

Pourrait-on vivre dans une chambre pleine d'hydrogène? — Comment brûle un mélange d'air et d'hydrogène?

RÉSUMÉ

Oxygène. — L'*oxygène* est un gaz qui rallume une allumette dont un des points est assez chauffé pour devenir rouge

Le *charbon* brûle avec un vif éclat dans l'oxygène et s'unit avec lui pour former de l'*acide carbonique*.

L'oxygène fait brûler les corps qui servent à nous chauffer et à nous éclairer. Il est le seul qui puisse entretenir à la respiration des animaux.

Azote. — L'*azote* est un gaz qui ne peut pas faire brûler les corps, le charbon, par exemple ; il l'éteint même, si le charbon est rouge.

Les animaux plongés dans l'azote meurent *asphyxiés*.

Hydrogène. — L'*hydrogène* est un gaz qui brûle à l'air, s'il est échauffé par la flamme d'une allumette.

Il éteint les corps qui brûlent déjà et ne peut servir à la respiration des animaux.

XIX. — L'AIR ET L'EAU

185. Composition de l'air. — L'air n'est pas un gaz simple. C'est un mélange d'oxygène et d'azote.

Ce n'est donc pas un *élément*, comme on le croyait jadis.

On a mis sur l'eau d'une terrine une planchette qui supporte un tesson de poterie ou un petit plat d'enfant contenant un morceau de phosphore (*fig.* 157).

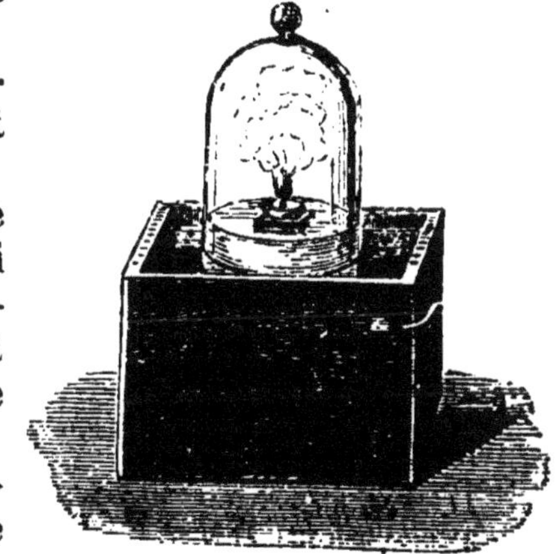

Fig. 157. — On fait brûler du phosphore sous une cloche de verre pleine d'air ; la combustion terminée, il ne reste plus que l'azote dans la cloche.

Ce dernier corps est dangereux à manier, et le maître seul doit y toucher.

On le conserve sous l'eau, on le coupe sous l'eau, on ne le prend avec les doigts que lorsqu'il est humide ; seulement il faut le dessécher avec du papier buvard, au moment de le mettre dans le petit plat.

Touchons-le avec une allumette enflammée, le phosphore

prend feu aussitôt. Recouvrons-le de suite avec une cloche pleine d'air dont les bords plongent dans l'eau. Le phosphore continue à brûler en produisant un brouillard blanc qui disparaît à la fin. Puis, le phosphore s'éteint, et on constate que la cloche n'est plus pleine d'air ; l'eau de la terrine s'est élevée à l'intérieur : et le gaz restant n'occupe plus que les *quatre cinquièmes* du volume primitif.

Un litre valant *mille* centimètres cubes, si le volume intérieur de la cloche est d'un litre, il ne reste plus à la fin que *huit cents* centimètres cubes de gaz. Ce gaz est de l'*azote*. C'est donc un des éléments de l'air.

Le phosphore ne brûle que s'il est au contact de l'oxygène, et comme il brûle dans l'air, il faut en conclure que ce gaz a pour second élément l'oxygène. La combustion du phosphore; a fait disparaître *deux cents* centimètres cubes de gaz. C'est le volume de l'oxygène qui a servi à faire brûler le phosphore. Ainsi, dans un litre d'air, il y a le *cinquième* ou *deux cents* centimètres cubes d'oxygène, et les *quatre cinquièmes* ou *huit cents* centimètres cubes d'azote.

Ajoutez à ces deux gaz un peu d'acide carbonique, de la vapeur d'eau, et le mélange de ces quatre corps gazeux sera ce qu'on appelle l'*air atmosphérique*.

180. Eau. — L'eau n'est pas un corps simple, c'est un *composé d'oxygène et d'hydrogène ;* autrement dit, quand l'hydrogène brûle, ce gaz et l'oxygène se réunissent pour former de l'eau. On le fait voir en mettant dans un flacon de verre *d* (*fig.* 158) de l'*eau*, du *zinc* et du *vitriol*. Cela suffit pour que l'hydrogène se produise et sorte du flacon par un tube de verre effilé *b* qui traverse le bouchon.

Après avoir laissé le gaz se dégager pendant cinq ou dix minutes, on approche une bougie de l'orifice du tube; l'hydrogène brûle avec une petite flamme pâle.

Plaçons au-dessus de la flamme un entonnoir, ou une assiette, en un mot un corps froid; il se recouvre de gouttelettes d'eau.

C'est que l'hydrogène qui brûle se transforme en vapeur

d'eau en s'unissant à l'oxygène de l'air, et celle-ci devient liquide au contact de l'entonnoir qui la refroidit.

L'eau, que nous formons ainsi de toutes pièces avec l'hydrogène et l'oxygène, est de l'eau pure. Telle est l'eau de pluie, la rosée. Cette eau pure est fade.

L'eau des rivières et surtout l'eau des puits est moins pure; c'est de l'eau de pluie qui a traversé la terre : elle a dissous certaines matières pierreuses qui s'y trouvent, et qui lui donnent une saveur particulière.

L'*eau de mer* a la saveur du sel qu'elle tient en dissolution. Elle n'est pas bonne à boire. Toutes les eaux *douces* ne sont pas, non plus, bonnes à boire. Il faut d'abord rejeter les eaux boueuses des fossés, les eaux noirâtres des mares ou des marécages, les eaux qui ont une odeur de fumier, dans lesquelles sont morts des animaux ou qui renferment des débris de plantes aquatiques; par conséquent, les eaux des étangs couverts de feuilles de *nénuphar* ou de *lentille d'eau* ne doivent pas entrer dans nos boissons. Elles sont malsaines et peuvent donner des maladies.

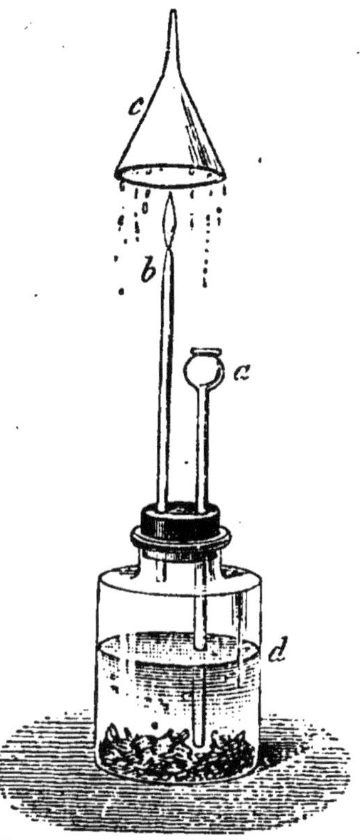

Fig. 158. — L'hydrogène produit de l'eau en brûlant. — L'hydrogène se forme dans le flacon *d*; on l'enflamme à sa sortie du tube *b*. Il se produit de la vapeur d'eau qui se liquéfie sur l'entonnoir *c*.

QUESTIONNAIRE

Quelle est la composition de l'air. — Combien cent litres d'air renferment-ils de litres d'oxygène (185)?

De quoi l'eau est-elle formée? — Est-ce un corps simple ou un *élément?* — Comment fait-on voir qu'il se forme de l'eau pendant la combustion de l'hydrogène (186)?

En quoi l'eau de rivière diffère-t-elle, d'une part, de l'eau pure; d'autre part, de l'eau de mer?

Il y a des eaux de puits qui ne dissolvent pas le savon. Elles ne peuvent servir à laver le linge ; on leur préfère l'eau de pluie qui est presque pure. Elles ne sont pas meilleures pour cuire les légumes qu'elles rendent durs. Elles ne valent pas mieux pour boire, car elles sont *indigestes*.

Une *bonne* eau doit être limpide, fraîche ; elle doit avoir une saveur agréable et dissoudre le savon sans faire de grumeaux.

187. Acide carbonique. — Nous savons que l'acide carbonique est un gaz composé de *charbon* et d'*oxygène*.

Il se produit lorsque le charbon brûle dans l'oxygène, et aussi quand il brûle dans l'air.

Nous ne pouvons pas faire brûler du charbon dans un fourneau, sans que l'acide carbonique se forme et se répande dans l'air ; si, comme c'est l'ordinaire, le fourneau n'est pas recouvert d'une hotte communiquant avec une cheminée.

Nous savons déjà que l'acide carbonique éteint une bougie allumée. On peut le vérifier en remplissant une éprouvette de ce gaz, et en y plongeant une bougie, comme nous l'avons fait pour l'azote.

Nous savons distinguer l'acide carbonique de l'air et de l'oxygène, puisqu'il éteint les corps qui brûlent. Nous le distinguons de l'hydrogène, parce qu'il n'est pas lui-même combustible.

Mais on peut le confondre avec l'azote. Nous le reconnaîtrons, quand il est pur, à ce qu'il a une saveur aigrelette, et une odeur de vin, tandis que l'azote est inodore et sans saveur. Ensuite, on peut le verser dans l'air, et il tombe de

QUESTIONNAIRE

Quelles sont les qualités d'une eau bonne à boire ? — Pourquoi les ménagères ne font-elles pas de savonnages avec de l'eau de puits ? — Quelle est l'eau qui convient le mieux au blanchissage du linge (186) ?

Quels sont les éléments de l'acide carbonique (187) ?

Dans quelles circonstances ce gaz se forme-t-il ?

Comment distingue-t-on l'acide carbonique de l'air ? — de l'oxygène ? — de l'hydrogène ?

Comment distingue-t-on l'acide carbonique de l'azote ?

Quelle est l'odeur, quelle est la saveur de l'acide carbonique ?

haut en bas, comme l'eau qu'on verse dans un vase plein d'huile tombe au fond du vase. Ce que ne fait pas l'azote. Voici l'expérience que nous ferons.

Nous prenons une éprouvette pleine d'acide carbonique (*fig.* 159), et, opérant comme nous l'avons dit à propos de l'oxygène, nous la maintenons ouverte, l'orifice en haut. Si maintenant nous la renversons au-dessus d'une bougie allumée, celle-ci s'éteint. Le gaz que nous versons réellement sur la bougie l'entoure et arrête la combustion.

Fig. 159. — On éteint une bougie allumée en versant sur la flamme le gaz acide carbonique qui remplit une éprouvette.

L'acide carbonique n'entretient pas la respiration des animaux. Un oiseau meurt asphyxié dans une cloche pleine de ce gaz.

Nous avons dit que la combustion du charbon dans un fourneau ou un réchaud verse dans l'air de la salle l'acide carbonique. Elle fait en même temps disparaître l'oxygène de l'air.

Si la salle a ses fenêtres et ses portes bien closes, si elle n'a pas de cheminée, ou qu'il n'y ait pas de feu dans la cheminée, l'air ne s'y renouvelle pas; il n'a plus, au bout d'un certain temps, assez d'oxygène pour que les personnes qui sont dans la salle puissent respirer, et celles-ci courent risque d'être asphyxiées.

Disons en finissant que l'acide carbonique n'existe qu'en petite quantité dans l'atmosphère: *cinq* litres dans *dix mille* litres d'air. Il sert à nourrir les plantes et tout le charbon qu'elles renferment a été puisé par elles dans l'air.

QUESTIONNAIRE

Comment fait-on voir que l'acide carbonique, versé dans l'air, tombe de haut en bas, comme le ferait l'eau (187)?

L'acide carbonique peut-il entretenir la respiration d'un animal?

Quel danger y a-t-il à habiter une salle fermée dans laquelle se trouve un réchaud plein de charbons rouges?

Quels sont les êtres vivants qui se nourrissent d'acide carbonique?

RÉSUMÉ

Composition de l'air. — L'air est un mélange d'*azote* et d'*oxygène*. Le volume de l'oxygène est le cinquième de celui de l'air; le volume de l'azote en est les quatre cinquièmes.

L'air renferme en outre de la vapeur d'eau et un peu d'acide carbonique.

L'air, contenant de l'oxygène, fait brûler nos combustibles, tels que le bois et le charbon, et il entretient la respiration des animaux.

Eau. — L'eau se produit quand l'hydrogène brûle. Elle est composée d'*oxygène* et d'*hydrogène*.

L'eau de mer est salée et ne peut servir de boisson.

L'eau bonne à boire doit être fraîche, limpide, sans odeur; elle doit être propre au lessivage, et pour cela, elle doit dissoudre le savon.

Acide carbonique. — L'acide carbonique est le résultat de la combustion du charbon.

C'est un gaz qui a une petite odeur de vin et une saveur aigrelette. Le charbon ne brûle pas, mais s'éteint dans ce gaz; un animal ne peut y respirer.

On ne doit pas rester dans une salle fermée, si on y fait brûler des charbons dans un réchaud ; sinon on risque de mourir asphyxié.

XX. — COMBUSTION

188. Nous avons besoin de faire du feu, soit pour nous chauffer pendant l'hiver, soit pour apprêter nos aliments, soit enfin pour répondre aux besoins de notre industrie.

Il nous faut encore brûler des corps pour nous éclairer pendant la nuit. Dans tous ces cas, il faut trouver des *combustibles*, et les chauffer assez pour que l'oxygène de l'air puisse les faire brûler.

Nos combustibles usuels sont des corps qui renferment comme éléments l'hydrogène et le charbon : tantôt seuls, comme le gaz d'éclairage, tantôt unis à d'autres corps, comme le bois qui renferme l'oxygène et la matière des cendres; celles-ci ne brûlent pas.

Pour faire brûler du bois ou du charbon de terre, il faut d'abord les chauffer.

On enflamme une allumette chimique en la frottant contre un mur sec. Le phosphore qui est au bout brûle et fait brûler avec flamme le bois de l'allumette. Avec cette flamme du bois nous enflammons du papier, du fagot; et enfin, le bois que nous avons mis dans le foyer s'échauffe et brûle à son tour. *Le feu est allumé.*

180. Cheminées. — Il faut entretenir le feu pour qu'il ne s'éteigne pas. Pour cela on a placé le foyer, au bas d'un tuyau de cheminée qui monte jusqu'au-dessus du toit. La fumée du bois s'y élève, et ne se répand pas dans la chambre que nous habitons; c'est bien utile, car la fumée a une odeur désagréable, elle attaque les yeux et fait pleurer.

Il y a cependant encore des peuples qui font leur feu dans des huttes sans cheminée, et qui vivent dans la fumée. Celle-ci s'échappe, tant bien que mal, par la porte ou par un trou pratiqué en haut du toit. Nos pères ont vécu ainsi pendant des siècles.

La cheminée présente un autre avantage. Il s'établit dans son tuyau un courant d'air qui monte sans cesse et se déverse au dehors. C'est ce qu'on appelle le *tirage* de la cheminée.

L'air de la chambre se porte alors vers le foyer, et entre dans la cheminée pour remplacer l'air chaud qui est sorti. L'air du dehors entre dans la chambre par les portes ou les fenêtres; l'air de la chambre se renouvelle constamment, celle-ci est bien plus saine à habiter.

En outre, le courant d'air qui traverse le foyer entraîne l'acide carbonique que le charbon produit en brûlant; ce dernier est toujours entouré d'air frais. C'est-à-dire que l'oxygène se renouvelle autour de lui, ce qui rend la combustion plus vive.

Si nous empêchions l'oxygène d'arriver au contact des charbons en recouvrant ceux-ci de cendres, ils brûleraient mal et lentement. Mettez ces charbons dans un étouffoir de tôle, ils ne reçoivent plus d'oxygène, et ils s'éteignent après avoir consommé l'oxygène de l'air qui est dans l'étouffoir.

Les cheminées d'une ferme ont un foyer très long, largement ouvert ; le tuyau de la cheminée a de grandes dimensions en largeur ; il n'a pas une grande hauteur.

Ces cheminées sont défectueuses, le tirage est faible. Une partie de la fumée se répand dans la chambre, et noircit les poutres et les murs.

Le bois brûlerait mal s'il n'était très sec, si on ne le prodiguait pas, et si on n'alimentait pas le feu avec des broussailles qui donnent une large flamme.

La plus grande partie de l'air entre dans la cheminée par le haut du foyer, et ne vient pas souffler sur le charbon qui brûle. Il ne sert pas à activer la combustion.

190. Cheminées au bois. — Dans les maisons bien construites, on fait les cheminées d'une autre manière

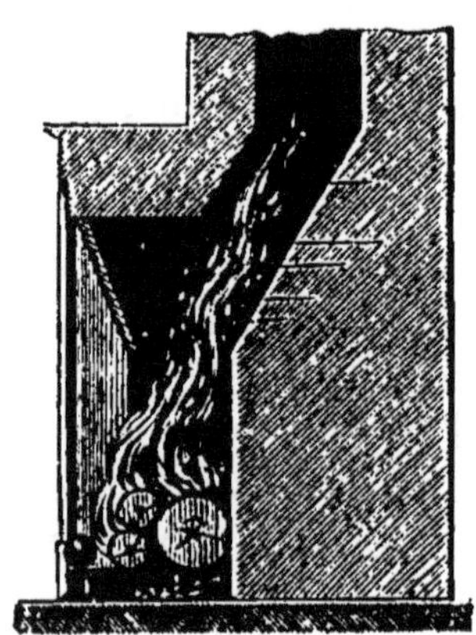

Fig. 160.
Cheminée disposée pour brûler du bois.

Fig. 161.—Coupe d'une cheminée à grille disposée pour brûler du charbon de terre.

(*fig.* 160). Le tuyau est étroit, le foyer peu profond, peu large.

QUESTIONNAIRE

Quels sont nos combustibles ordinaires (188) ?

Quels sont les éléments combustibles que l'on trouve dans le bois ? — dans le gaz d'éclairage ?

Comment allume-t-on du feu ? — A quoi sert une cheminée ? — Qu'appelle-t-on le tirage d'une cheminée (189) ?

Pourquoi le bois brûle-t-il rapidement dans une cheminée qui tire bien ?

On abaisse un *tablier* de tôle pour diminuer la hauteur de l'ouverture de la cheminée.

Le courant d'air ne peut entrer dans celle-ci sans rencontrer le bois, et il agit comme un soufflet pour activer sa combustion.

Nous disons : comme un soufflet, car cet instrument ne sert qu'à diriger un courant d'air frais sur les charbons rouges, et à les faire brûler plus vite et avec plus d'éclat.

191. Grille à charbon. — On dispose autrement la cheminée dans les pays où on ne brûle que du charbon de terre.

Le foyer est très peu profond, et renferme une grille en fonte *g* (*fig.* 161) que l'on charge de charbon de terre.

Un couvercle en tôle, mobile *r*, couvre la grille : on peut le soulever ou l'abaisser en tournant le bouton *b*.

L'air ne peut plus aller dans le tuyau de cheminée qu'en passant au travers des barreaux de la grille. Il traverse ainsi la couche de combustible, et celui-ci brûle avec une grande activité.

Si on veut modérer la combustion on enlève le couvercle de tôle ; alors, la partie du foyer qui est au-dessus de la grille est ouverte et l'air passe directement dans la cheminée, sans souffler sur le charbon.

La combustion devient encore plus lente, si on recouvre la masse de charbon de cendres ou de poussière de charbon mouillée. Elle forme une enveloppe continue que l'air de la grille ne peut plus traverser.

La combustion est vive dans un poêle, parce que le courant d'air n'arrive au tuyau qu'après avoir traversé la grille du poêle et le combustible qui est au-dessus.

Nous retrouvons la même disposition dans les fourneaux

QUESTIONNAIRE

Quels sont les inconvénients des cheminées de ferme?
Comment est faite une cheminée d'appartement? — une cheminée où on brûle du charbon de terre (190)?
Pourquoi le bois ou le charbon brûlent-ils bien dans un poêle (191)?

qui servent à chauffer l'eau dans de grandes chaudières : les fourneaux de buanderie, par exemple, ou ceux des machines à vapeur.

Il faut, dans ces derniers, que le charbon brûle rapidement. La cheminée doit avoir un tirage énergique. C'est pourquoi on lui donne une grande hauteur, 15 à 20 mètres.

192. Forge. — Le maréchal a besoin de faire rougir le fer à l'aide d'un peu de charbon de terre ; et il faut, qu'à certains moments, le charbon brûle vite et échauffe fortement le métal.

Fig. 162. — Forge de maréchal.

Vous connaissez la forge du maréchal (*fig.* 162). C'est un massif de briques sur lequel on dispose le charbon. Au-dessus, est une hotte qui conduit la fumée au tuyau de cheminée. Il ne faut pas compter sur l'effet du tirage, puisque l'air peut se rendre dans la cheminée par le large espace qui sépare la hotte du foyer. Et cependant, le charbon ne brûle vivement que s'il est traversé par un courant d'air.

On obtient celui ci à l'aide d'un soufflet. On le fait mouvoir en agissant sur une barre ou levier qui fait monter et descendre alternativement la face inférieure du soufflet. Un long tuyau de fer se rend du soufflet dans le foyer, et l'air qu'il amène fait brûler le charbon.

193. Éclairage. — L'air n'est pas moins nécessaire pour faire brûler le suif des chandelles, l'huile des lampes, ou le gaz d'éclairage.

Tous ces corps sont encore des composés d'hydrogène et de charbon. On les a choisis pour nous éclairer, parce qu'ils brûlent quand ils sont à l'état de gaz, et alors ils produisent une flamme.

Celle-ci est bien plus éclairante, quand on fait arriver près de la flamme un courant d'air frais qui lui apporte de l'oxygène.

Fig. 163. — Bec de gaz. — La flamme est entourée d'une cheminée de verre.

C'est pour cela qu'on entoure la flamme d'une lampe ou celle d'un bec de gaz (*fig.* 163) d'une cheminée en verre. Elle rend la flamme moins vacillante, ce qui ne fatigue pas la vue; de plus, elle agit comme une cheminée. Elle est traversée constamment par les gaz chauds que produit le combustible en brûlant, et cela détermine un tirage, qui amène sans cesse de l'air frais sur la flamme. Comparez l'éclat de la flamme quand elle est à l'air libre avec celui qu'elle a quand on remet en place la cheminée et vous jugerez de suite de l'utilité du verre. De plus, les gaz éclairants sont complètement brûlés, et la flamme ne produit pas de fumée. Il n'y a guère plus de cent ans que les lampes à cheminée de verre furent inventées par Argand.

QUESTIONNAIRE

Pourquoi peut-on remplacer le tirage d'une cheminée pour rendre la combustion vive? — Comment est faite une forge (192)?

A quoi servent les cheminées de verre dont on entoure la flamme d'une lampe (193)?

RÉSUMÉ

Combustion. — Les corps que nous brûlons pour nous chauffer ou nous éclairer; le bois, le suif, l'huile, sont des composés renfermant de l'*hydrogène* et du *charbon*.

Ce sont ces deux corps qui nous donnent la chaleur et la lumière lorsqu'ils sont brûlés par l'oxygène de l'air. L'un d'eux devient de la vapeur d'eau; l'autre se transforme en acide carbonique.

Il faut pour qu'ils brûlent qu'ils soient déjà échauffés. Il faut, en outre, que l'air arrive sans cesse à leur surface pour apporter de nouvel oxygène.

Le tirage des cheminées détermine un courant d'air dans le foyer. S'il n'est pas suffisant, on a recours aux soufflets pour activer la combustion.

Dans les cheminées d'appartement, le courant d'air passe en grande partie au-dessus du combustible, pour arriver au tuyau.

Dans les grilles à charbon, les poêles, les fourneaux de machines à vapeur, l'air traverse le combustible et la combustion est plus rapide.

Il n'y a pas de tirage dans la forge du maréchal. On lance sur le combustible un fort courant d'air à l'aide d'un gros soufflet.

Nous nous éclairons en brûlant de l'huile, du suif, que la chaleur transforme en certains gaz analogues au gaz d'éclairage. Ces gaz donnent en brûlant une flamme.

On lui donne de l'éclat, et on l'empêche d'être fumeuse, en l'entourant d'une cheminée de verre, dont le tirage appelle un courant d'air frais sur la flamme.

DEVOIRS

Sous combien d'*états* différents les corps se présentent-ils à nous. Indiquer ce qui les distingue et comment un corps peut passer d'un état à un autre?

Quels sont les deux gaz qui forment l'air atmosphérique? — Comment peut-on les distinguer l'un de l'autre? Quel est le plus important des deux, et à quoi sert-il?

Quels sont les gaz qui forment l'eau? Donner leurs caractères distinctifs.— Dans quelles circonstances se transforment-ils en eau? Quelles sont les qualités d'une eau bonne à boire?

Qu'appelle-t-on combustion et combustible? Indiquer l'utilité des cheminées. A quoi servent les soufflets?

TABLE DES MATIÈRES

Sciences physiques

XVII. — ETATS DES CORPS

XVIII. — AIR ATMOSPHÉRIQUE

XIX. — L'AIR ET L'EAU

XX. — COMBUSTION

SAINT-CLOUD. — IMPRIMERIE Ve EUG. BELIN ET FILS.

www.ingramcontent.com/pod-product-compliance
Ingram Content Group UK Ltd.
Pitfield, Milton Keynes, MK11 3LW, UK
UKHW020140200726
13856UKWH00003B/783

9 782013 560511